# 女人不要
# 输在情商上

崔小西

著

江西美术出版社
JIANGXI FINE ARTS PUBLISHING HOUSE

**图书在版编目（CIP）数据**

女人不要输在情商上 / 崔小西著 . -- 南昌：江西
美术出版社，2017.5（2018.3 重印）
ISBN 978-7-5480-4260-0

Ⅰ . ①女… Ⅱ . ①崔… Ⅲ . ①女性 - 情商 - 通俗读物
Ⅳ . ① B842.6-49

中国版本图书馆 CIP 数据核字（2017）第 033828 号

出品人：汤　华
企　　划：江西美术出版社北京分社（北京江美长风文化传播有限公司）
策　　划：北京兴盛乐书刊发行有限责任公司
责任编辑：王国栋　刘霄汉　朱鲁巍　宗丽珍　康紫苏
版式设计：曹　敏
责任印制：谭　勋

**女人不要输在情商上**

作　　者：崔小西

出　　版：江西美术出版社
社　　址：南昌市子安路 66 号江美大厦
网　　址：http：//www.jxfinearts.com
电子信箱：jxms@jxfinearts.com
电　　话：010-82293750　　0791-86566124
邮　　编：330025
经　　销：全国新华书店
印　　刷：保定市西城胶印有限公司
版　　次：2017 年 5 月第 1 版
印　　次：2018 年 3 月第 3 次印刷
开　　本：880mm×1280mm　1/32
印　　张：7
Ｉ Ｓ Ｂ Ｎ：978-7-5480-4260-0
定　　价：26.80 元

为什么女人需要培养自己的情商？情商的高低对女人的一生来说意味着什么？

如果你对"情商"一知半解，那么我们可以用生活中最常见的现象来再一次认识它，如：

在生活中，我们为什么喜欢积极乐观的女人，而不喜欢愁眉苦脸的女人？

为什么说笑容是女人最动人的表情，而眼泪和抱怨只能将女人推向弱者的行列？

为什么有的女人天生带有幸福感，令人不由自主地想亲近；而有的女人却未老先衰，像个永不满足的怨妇？

为什么有的女人不漂亮不成功也备受人们的欢迎和喜爱？

为什么男人都喜欢"笨"女人？

……

这一切，都源自女人的情商！

情商决定女人一生的幸福和命运，它可以让女人快乐阳光，活力四射，魅力无穷；也可以让女人悲观忧郁，脆弱敏感，令人生厌。

女人的喜怒哀乐，以及由此情绪所引发的各种行为，都可以归结为情商的作用。

情商就如同高空走钢丝的表演人员手里长长的棍子，起着平衡我们的心态和掌控情绪的关键作用。如果女人的心态不好，或者情绪大起大落，心情喜怒无常，就表示情商较低；反之，善于平衡心态、调节情绪，就是高情商的女人。

"情商之父"、心理学博士丹尼尔·戈尔曼在他的著作《情绪智商》中提到，一些情绪方面的问题，例如人们普遍感到孤单、忧郁、任性、焦虑、冲动，等等，这引起了大众的强烈共鸣。而对于女人来说，爱生气吵架、经常牢骚满腹、不知足、忌妒别人、心胸狭窄等，似乎成为生活中的常态。那么，究竟是什么原因导致了这种生活状态呢？在诸多原因当中，最根本的还是要属情商。

情商的高低对一个人的身心发展有着重大影响，对其能否取得成功同样有着不可估量的作用，有时其作用甚至要超过智力水平。在女人成功的道路上，情商往往比智商起着更重要的作用。现在，我们具体来看一看为什么高情商的女人比低情商的女人更容易受欢迎。

高情商的女人凡事全力以赴，低情商的女人容易半途而废；

高情商的女人从不拖延，低情商的女人靠心情好坏来做事；

高情商的女人拥有积极乐观的心态，低情商的女人消极悲观；

高情商的女人锲而不舍地努力，低情商的女人认为成功是因为运气好；

高情商的女人在人际交往中更受欢迎，低情商的女人让人讨厌。

　　高情商女人善于平衡心态和情绪，能够很好地处理家庭和工作的关系，有能力协调婚姻中的感情矛盾。她们在工作中不会因为失败而怨天尤人，一蹶不振，在人际交往中不会因为感情不和而心生忌妒，在生活中更不会因为挫折和痛苦而听天由命……高情商的女人内心更强大，外表更从容。

　　女人别输在情商上！愿本书能带给你有益的启示，帮助你成为最幸福、成功和受欢迎的高情商女人。

# 目　录
### Contents

## CHAPTER 3　心向美好，且有力量

## CHAPTER 4　所谓情商高，就要会说话

CHAPTER **5** **女人处世不要太单纯**

CHAPTER **6** **跟任何人都能交朋友**

## CHAPTER 7  职场就是要玩转情商

## CHAPTER 8  情商决定女人一生的幸福

# CHAPTER 1

## 女人的情商比智商更重要

20 世纪末，哈佛大学心理学博士丹尼尔·戈尔曼提出了"情绪智商"的概念，终结了"智商决定论"，宣告了情商时代的到来。一些成功的女人，其中可能并非聪明绝顶、智商超人，却必定是能够调动自己和管理情绪的高情商者。

## ◎ 高情商的人魅力无穷

情绪决定了人的心理状态。良好的状态才有良好的欲望，才能将一个人内在的其他能力发挥到极致，其中当然也包括智力。情商影响着人的一生，它在一个人的命运中具有决定性的作用，在人生各个领域中也就更占据着重要的地位。

《情绪智商》的作者、心理学家丹尼尔·戈尔曼教授花费多年，对全球500家企业、政府机构和非营利性组织进行了研究分析，除了发现成功者往往具备应当具备的工作能力以外，杰出的成就和卓著的表现与情绪智商往往有着不可分离的密切关系。

毕业于哈佛大学，美国颇负盛名的总统罗斯福，在他小时候是一个脆弱胆小的男孩，脸上总是露出惊恐的表情，背诵时双腿发抖，嘴唇颤动，回答含糊不连贯。

然而他的这些缺陷并没有使他自暴自弃，反而促使他更加努力地去奋斗，改善自我，提升自我。他的积极情商促成了他的奋斗精神，终于使他成为美国历史上杰出的总统。

钢铁大王安德鲁·卡内基从一个贫苦少年变成美国大富翁，凭借的也是他积极的情绪和涵养："如果一个人不能在他的工作中找出点罗曼蒂克来，这不能怪罪于工作本身，而只能归罪于做这项工作的人。"

还有我国的周恩来总理，同样是一个高情商者。在国际交往中，他用他高超的外交艺术，用他的高情商，为我们打开了国际局面。

在一次国际交往中，有人对周总理发起挑衅，问道：总理先生，听说在你们中国有很多马路，我要请教一下，中国的马路是不是马走的路啊？

周总理听闻此言并没有发怒，而是非常礼貌地回答：我们中国确实有很多马路，因为我们走的是马克思主义之路！如此机智而巧妙的回答，闪烁着周恩来的智慧之光。他的回答既明确地表明了我国的立场，同时也没有直接伤害到他人，但是也在其中含蓄地反驳了对方。

情商的高低表明了人们所站立的起点不同，高情商的人所站的位置相对更高。因此，他们可以看得更远、更广。因为高情商，罗斯福没有只看到眼前的不幸而忘却了不懈的努力；因为高情商，卡内基在枯燥的工作中努力寻找乐趣；也因为高情商，周恩来总理在他的外交中不逞一时的口舌之利，而是理智地有弹性地应对外来的言语攻击。

优秀的领导人在一系列的情绪智能，如影响力、团队领导、自信和成功动机等方面，都有非常优秀的表现。一位成功者可能不是聪明绝顶的天才，却必定是那些能调动自己情绪的高情商者。

## ◎ 情商是人生成功的核心实力

成功与失败的差距往往仅一步之遥，前面大部分的困难已使人精疲力尽，这时即使一个微小的障碍也可能导致前功尽弃，只有咬紧牙关坚持一下，胜利便近在眼前。你也许抱怨自己不得志，生不逢时，有许多时候是因为自己的为人处世方法不对，或者因为自己的意志力不坚强，成功的因素很多，往往最小的一步最难跨出。能不能坚持，自己的毅力很重要，毅力和自己的情商是有一定关系的。

1.竞争社会里要有健康的心理状态

曾有人做过实验，将一只最凶猛的鲨鱼和一群热带鱼放在同一个池子，然后用强化玻璃隔开。最初，鲨鱼每天不断冲撞那块看不到的玻璃，奈何这只是徒劳，它始终不能冲到对面去，而实验人员每天都有放一些鲫鱼在池子里，所以鲨鱼也没缺少猎物，只是它仍想到对面去，想尝试那美丽的热带鱼的滋味，每天仍是不断地冲撞那块玻璃。它试了每个角落，每次都是用尽全力，但每次都是弄得伤痕累累，有好几次甚至浑身破裂出血，持续了好一些日子，每当玻璃一出现裂痕，实验人员马上换上一块更厚的玻璃。后来，鲨鱼不再冲撞那块玻璃了，对那些斑斓的热带鱼也不再在意，好像它们只是墙上会动的壁画，它开始等着每天固定会出现的鲫鱼，然后用他敏捷的本能进行狩猎，好像恢复了海中不可一世的凶狠霸气，但这一切只不过是假象罢了，实验到了最后的阶段，实验人员将玻璃取走，但鲨鱼却没有反应，每天仍是在固定的区域游着。它不但对那些热带鱼视若无睹，甚至当那些鲫鱼逃到那边去，它也会立刻放弃追逐，说什么都不愿再过去。

实验结束了，实验人员讥笑它是海里最懦弱的鱼。可是失败过的人都知道为什么，因为它怕痛。即使是世界上最强悍的动物，在经历一次又一次的失败之后也会感到挫败的痛，有充分的放弃理由。心理上的伤痛最难治疗，我们一定要保持自己最好的心理状态，无论在什么样的打击下，都一定要告诉自己，坚持自己的理想与目标，困难痛苦都是暂时的。生活中，人们常常会遭受失败，但重要的是面对失败时候的心态问题。失败有原因，有的人只要一遇到困难，他们只是挑选最容易的倒退之路，心中想的是："我们不行了，还是退缩了吧。"结果自然难免陷入无边的失败深渊。现代社会里，我们的压力都很大，我们怕失败，我们经不起太多的打击，我们心理上的伤害往往终生难忘。但是，这也阻止了我们成功，心态在我们的成功道路上，起到不可忽视的影响。我们常说：身体是革命的本钱。现在，健康的身体已经不再是唯一的要求，健康不但指的是身体机能的正常运转，更重要的是心理上的健康：乐观向上，积极进取。

2.迷宫社会里要学会找自己的奶酪

相信大家都知道一本世界畅销的哲理书《谁动了我的奶酪》，它给我们讲述了一个富有哲理、同时又简单易懂的道理："变是唯一的不变。"这一生活的真谛，或许每一个人看了之后的感受都不一样，但千万不要说这个道理你懂了，如果那样，就说明你依然惧怕改变自己。

抱怨自己不得志的人，往往不是智商的问题，而大多是由于情商出现了问题。看到他人的华丽外表，看不到他人付出的艰辛，永远实现不了自己的人生目标。寻找自己的人生地位固然很重要，但是，找到之后该怎么办呢？你是不是也会在失去的时候大声叫："谁动了我的奶酪！谁动了我的奶酪？"

如今的世界瞬息万变，这的确是一个迷宫的时代，信息社会里，我们不知道下一步是怎样的境遇，我们只能不停地找，不停地努力，当我们有了一些成就的时候，尤其要有这样的意识：这是一个迷宫的时代，说不定哪一天，我们所有的一切都会从眼前消失。有些读者读完故事后就停下来，不再继续阅读关于这个故事的讨论。另外一些人则更乐于后面的"讨论"，因为他们认为从中可以受到启发，可以思考如何将从故事中学到的东西运用到他们的实际生活中去。无论怎样，我们都真诚地希望各位在每次阅读这个故事的时候，都能从中领悟到一些新的、有用的东西；希望它能帮助我们妥善地应对各种变化，不论你的成功目标是什么，它都能助你走向成功。

3. 危机社会里学会在逆境中转变思想

在许多时候，我们往往不能转变自己的思维定势，尤其是在自己陷入困境中的时候，有些人总是怨天尤人，片面强调外部环境和客观条件，而忽视自我因素和主观能动性。这些人认为，他们所处的境况不是他们自己能控制的。其实，我们的境况不是周围环境而是我们自己造成的。说到底，是由我们自己决定的。然而，人们有一种根深蒂固的错误观念，即认为成功有赖于某种天才和外部条件。它通常表现为："如果我有……就好了。"可是，成功的要素很大程度上，恰恰掌握在我们自己手中，人生的成败受心态的制约很大。我们怎样对待生活，生活就怎样对待我们。我们怎么对待别人，别人就怎么对待我们。我们在一项任务刚开始时的心态，就决定了最终会有多大的成功。失败者与成功者的最大区别是：失败者找理由，成功者找方法；失败者逃避和推卸责任，成功者敢于承担责任；失败者在顺境中狂妄自大，成功者在顺境中保持冷静与远见；失败者在逆境中悲观颓废，成功者在逆境中奋发图强。据心理学家统计，我们所埋怨的事 99% 导致了消极情绪。因此，克服消极心态的关键在于不要埋怨，彻底切断"树根"，做责任者和积极者，大声对自己说："我是责任者，我负全责；

我是积极者，我专注于下一步该怎么做！"

在我们的人生道路上，不可能总是一帆风顺，任何企业单位的发展，几乎都是一路艰辛。对康佳发展历程有所了解的人都知道，康佳的发展和崛起并不是一帆风顺的。康佳之所以能够渡过各种难关，应对各种挑战和风险，关键一点在于公司领导与员工上下一心，众志成城，充分看到和发挥自己的优势，扬长避短。实际上，再强大的竞争对手也不是无懈可击、不可战胜的。任何一个强大的企业都经历了由小到大、由弱到强的曲折过程。康佳集团目前处于战略转型时期，遇到了前所未有的困难。康佳手机面临苹果、三星、华为、小米、OPPO、魅族等国内外品牌的激烈竞争。在这种情况下，康佳手机营销人员的主观因素，其积极性和创造性，及其士气起着关键性的作用。在困难面前应该怎样解决困难是重要的，更重要的是，在困难面前保持什么样的心态。

## ◎ 高情商是女人最大的资本

高情商女人可能并不是女性群体中最聪明的，但都是热忱满腔、意志顽强的人。

高情商的女人在逆境中，不会只摇头叹息，而是把困难和挫折变成前进的动力。压力越大，干劲和热情越高，从而不觉得工作任务紧迫，身体不觉得疲惫，也缓解了精神情感的苦闷。

成功是一个缓慢的积累过程。成功女人之所以成功，是因为她们积极地与成功者相比较，把她们当成楷模，在别人说她不具备条件时，也绝不放弃希望和努力。当她们为成功而奋斗时，她们懂得即时满足是不现实的，既要行动和付诸实践，又要不懈地坚持。

高情商的女人有着立即行动的好习惯。相信只有行动才能把人生引向成功，即使灰心也决不后退。

高情商的女人不好高骛远，却懂得"千里之行，始于足下"的道理。世上任何宏大的目标，都是靠一件件小事的完成来实现的。脚踏实地，把平凡小事做好的人，才能成就大事。

高情商的女人始终认为，在那些你想有所改变或有所创新的领域中，干起来是取得成功的关键。高情商女人都有这样的特征：她们不管情绪如何，总是坚持正常工作，她们努力培养"在其位"的努力，使自己置身于一个最可能取得成功的环境之中，只要有一个不完备的计划、一个粗糙的想法、一个念头，她们懂得不去尝试，就永远实现不了自己的目标。

那些早已功成名就的女人们，通常都是从底层努力工作，慢慢地升上来的。就像生活中的储蓄，只有不断地积累才能变得富有。知识和经验也需要积累才能日益丰富，人才能成为学识广博、经验丰富的人。

高情商女人懂得学习需要时间，知道不可能在一日之内就攀上自己理想的巅峰，在各种挫折面前，坚持不断地努力，视失败为益友，积极吸取教训，有股不达目的不罢休的韧劲。

高情商女人是创造者，是社会生活的推动者。她们懂得正是工作把人生的罗盘拨向成功的一面。高情商女人专心致力于那些有可能完成的事情，对自己面临的每一个挑战，都全力以赴甚至背水一战。

全身心地投入，是许多成功女性最吸引人的剪影，也是高情商女人的独有品质。

高情商女人不但被一切美好情感陶冶心灵，大自然的迷人艳丽同样让她感到愉悦。她善于把自己的思路和言谈都引导到振奋人心的、鼓舞人的观念上去；她善于体验现实中的美好事物，认为过去是一个可供借鉴的信息库，而未来是一片快乐的、前途无限的、引人入胜的乐园。她积极地解决问题，把环境中的消极方面压缩到最小限度，并竭力找出积极的东西，百般呵护它，使它成长壮大。

高情商的女人经常对别人微笑，也得到别人微笑的回报。对经历过的活动总是给予积极的评论，并总是热情洋溢地回忆自己与人共处的时光。当她们恼火或不愉快时，会迅速地调整情绪和心态，让自己变得快乐。

高情商女人爱用这样一些词语：很好、好的、喜欢、了不起，等等。他们知道，保持一种积极向上的乐观态度是人生的关键。

高情商女人对别人的帮助是满眼的感激和由衷的赞扬，而极少说消极的话，她们致力于维护互相关心的友好气氛；失败时，她们承担起责任从而减少冲突，很快地改变别人的戒备态度，去投入眼下的工作；她们真诚地肯定对方并且说："请告诉我你的观点。"然后注意倾听，不去争论辩解。

高情商的女人乐于助人，即便是一点的帮助，都真心诚意地给予回报。她们会真诚地对别人所做出的贡献表示感谢，能够设身处地为别人着想，善解人意，将心比心，平心静气地和对方商讨问题，而避免消极的评论、纷争矛盾和唇枪舌剑。

有人总结出这样一个公式：成功 =20% 智商 +80% 情商。也就是说，情商比智商更重要。如果你还是觉得自己不够聪明，没关系，你完全可以依靠高情商去争取成功。即便你现在的情商不高也没关系，你完全可以通过后天的修炼来不断提高自己的情商。只要你能成为一个高情商的女人，那么你就等于拥有了成功的最大资本。

## ◎ 情商是可以提升的

哈佛大学经过实验和调研证明，一个人的情商并非一成不变，而是可以提升的。

情商技巧的提升是随着人的情商实践程度而变化的。与通常的智力和个性不同，情商是一项可以改进的具有灵活性的技巧。它也能被生活环境所影响，你可能看到它随着失业、离婚、意想不到的鼓励或者其他重要生活事件的回应而波动起伏。真正的诀窍是理解你的情商技巧，密切注视它们，为你的利益使用这些技巧。你在磨炼你的情商技巧方面做得越多，你的情商水平提高得越快。

当你努力改进你的情商技巧时，这个过程将会持续好几个月，然后才能看见一个较为明显的变化。学会在改进期间适当停下来对你周围的环境做不同的思考是你开始时应该做的事情。一些新的行为很容易迅速产生，人们将会立即注意到你的变化。把你的注意力转移到情商上会给你带来新的视角，这个视角让你觉得提升情商不是很难的事情。像学习任何新的技巧一样，改进你的情商需要实践。

一个人每次只能有效地处理少数行为。如果想尝试通过单一努力就能提高所有情商技巧，最后的结果一定会失败。你应该每次提高一项情商技巧，这需要你集中精力改变一些关键行为来获得良好的结果。例如，如果你选择提高自我管理技巧，就不应该把时间花在思考"我需要自我管理……"上，更为正确的做法是，你需要编制一个计划，把明确的提高自我管理技巧的行动包含进日常事务。这些行为中的每一种都是一项意义重大的新挑战，只有每次掌握一项你才能真正形成新的习惯。

如果你开始改进你的自我管理技巧，你的其他情商技巧也可能会同时改进。例如，为了学会在某些事情困扰你的时候不忽略其他人，你非常清楚的是必须要自我管理。这也将会改进你与他人的关系，提高你的关系管理技巧。所以即使是最有雄心改进情商技巧的人也应该相信坚持不懈地提高某种单一技巧将会带你走得更远。

如果你对这样做感觉到舒适的话，你应该与至少一个你信任的人分享你的目标。即使那个人只能给你最少的支持，你也会发现在你的努力过程中，他或她将会起到非常好的作用。当你做出一个公开的目标时——甚至只是简单地告诉某个人你在努力做什么——你抵达那个目标的可能性就会增加 10 倍以上。把它说出来会在你的内心中创造更高层次上的责任感。当你监控你的进步时，其他某个人会成为一个重要的信息资源，他们可以描述他们看到你的努力如何在发挥作用。当然，出于各种各样的原因，总会有一些人你不想告诉，这很正常。对你来说为了从与另一个人分享你的目标中受益，那个人必须乐于从事自在的和建设性的合作。如果你告诉的这个人不想花时间来理解或者仅仅是打算给你一个难以安排的时间，你最好私下去努力实现你的情商目标。

## ◎ 正确认识情商评估

　　情商评估会让情商训练不只是停留在原地或单纯的愿望上。当知道情商得分时，你会发现，对情商的体验是更为真实、中肯和更加针对个人的，也更加有利于帮助你认知情商、提高情商。

　　评估情商的价值有点类似于你想知道你与现在的搭档跳舞是否相配。

　　当然不是绝对。本书中讨论的情商策略并不依赖于你知道你在情商评估中能得多少分。尽管这个评估给你的情商技巧提供了另一种观点，但你仍然可以在没有接受这个评估的情况下很轻松地发展这些技巧。

　　这个评估为你提供了一个客观的新视角来描述你的行为特征，它可以用于你在本书中所学到东西的补充，但是绝不能替代你从读到的东西中获益。

　　第一位也是最重要的是，情商评估将会告诉你哪种技能是你的强项和哪个领域需要花费时间与精力来提高。

　　你将会知道更多的关于你自己的倾向性和行为特征，比你单纯依靠你自己认识到的内容要多得多。评估中对你的简要描述将会给你提供一个整体情商得分、个人能力和社会能力得分以及在四项情商技巧中每一项的得分。得分高低能表示出你在提高情商方面最需要采取的行动。

## ◎ 情商测验

评估题目对情商的描述将会帮助你理解你的强项和目前具备的技能，这些技能将给你提供改进的最大机会。通过客观评估、学习和实践可以改善你的情商技巧，这与改善你的数学、语言、体育和音乐技巧是相同的。

**测验说明：**

在每个测验的每道题目下面，都有三个选项 A、B 和 C，请选择其中一项并在该项上画个圈。请记住，为了评估的准确性，你选择的答案应该最接近你的真实做法，不管是你将会采取这种方法去处理事情，还是你曾经使用过这种方法。请不要根据你目前的想法，认为某一项是最佳的选择，或者是最值得人称道的做法而进行选择。虽然做任何事情都想得到他人的称许，但这并不是聪明的反应方式。最后提供了一份标准答案，可供你回答完全部测验题后对自己的测验结果有一个比较明确的了解。

**测验题目：**

1. 你被要求完成一项难度很大的任务，为此你很沮丧、生气。对此，你会如何应对？

A. 稍稍喘口气，休息一下。然后理清自己的思绪，制订出计划，有效地完成这份工作。

B. 仍然觉得非常沮丧，但与此同时尽最大努力继续应付这项任务。

C. 找一个愿意听自己倾诉的人，发发牢骚，宣泄一番，然后尽快地把任务做完了事。

2. 你正在完成一项非常重要的任务。你曾经觉得它很有趣，但是因为经常重复做同样的事情，现在你已经感到有所厌烦了。对此，你会如何应对？

A. 在此时此刻，先想一个尽可能迅速有效的方法把任务完成，然后再找机会换一份工作。

B. 把它放在一大堆资料的最下面，然后继续做其他比较有意思的事情。

C. 投入最短的时间、最少的精力继续把事情做完。

3. 为了实现目标，你非常努力地工作。最后你发现，自己收获到的比预想的要多得多。对此，你会如何应对？

A. 享受成功的时光，然后坐下来开始休息，不再工作，靠吃老本过日子。

B. 在这成功的基础上，为自己设立一些新的目标，然后去努力、去奋斗。

C. 继续保持努力，这样自己的表现就不会与自己之前设定的标准有落差。

4. 为了解决某个问题你想了一些方案。但是其他人告诉你，你的方案成功的可能性很小。对此，你会如何应对？

A. 考虑其他人的意见，修改自己的方案，然后计算方案实施的风险和成本是多少。

B. 向其他人提出的意见低头，把自己想到的全部方案都否定掉。

C. 忽略他们的建议，相信自己的判断能力，继续实施方案。

5. 你已经在一件事情上工作了一段时间，但是觉得很难评价自己做到什么程度了，以及还可以做出怎样的改进。对此，你会如何应对？

A. 继续做自己已经在做的事情，因为到目前为止还没有人对自己的表现提出任何的不满。

B. 相信自己的判断能力，并对自己的行动相应做出一些调整。

C. 完成一份自评问卷，并找一个自己信任其意见的人一起讨论，然后对自己的行动再做出一些调整。

6. 为了进行某项决策，你正在核对数据，但是你发现有一些很重要的信息缺失了。对此，你会如何应对？

A. 设想缺失的数据都是无关紧要的，然后根据自己已经处理过的信息来进行最终的决策。

B. 不怕麻烦地追查缺失的数据，等到所有的数据都收集到手时才做出决策。

C. 基于可靠信息，对缺失的数据给予推测赋值，然后相应地做出决策。

7. 他人要求你完成一项你极其不喜欢做的任务。对此，你会如何应对？

A. 付出最小的努力，尽快把任务做完。

B. 一直拖延任务，先把自己喜欢做的事情做完。

C. 投入自己尽可能多的时间和努力，尽自己最大的能力去完成这项任务。

8. 你正在完成一项很重要的任务。几个同事让你暂停手中的工作，一起去喝酒（打牌）。对此，你会如何应对？

A. 感谢他们的邀请，向他们解释在这个时候不能与他们一起去的原因。

B. 没有向对方致谢，断然拒绝他们的邀请。

C. 向对方表示，如果可能的话随后再加入他们，尽管这样的表示仅仅出于礼貌。

9. 你正面临着一项持续时间长、实施起来很困难的任务。这项任务要求你努力工作，密切注意每一个细节才能达到目标。某个人向你提出建议，可以用一个快捷、简便的方式来完成它。对此，你会如何应对？

A. 认真考虑对方的建议，但是对可能影响到自己工作原则与标准的任何事则一概表示拒绝。

B. 不理会对方的建议，坚持用经过试验有保障的以及正确的方法来完成任务，不管这会花费多少时间。

C. 立即采纳对方的建议，并尽快地把事情做完。

10. 组织要求你承担额外的责任，你知道这对自己所在的团队来说具有非常重要的意义。但是你觉得自己不能胜任新的角色。对此，你会如何应对？

A. 表示同意。毫不犹豫地把自己现有的任务先放在一边，优先考虑完成新承担的职务。

B. 以自己已经有很多的事情要完成为理由，拒绝承担额外的责任。

C. 表示尽管承担额外的责任会让自己工作很辛苦，但是你愿意去准备面对新的挑战。

11. 你所在的团队一直都很成功，但是在团队取得的各种成绩中，你个人发挥的作用却只占很小的一部分。对此，你会如何反应？

A. 不管自己的作用有多小，为团队取得的成绩感到高兴，并以自己在其中做出的贡献为荣。

B. 向自己的队友表示祝贺，然后继续做自己手中的事情；留下他们为取得的成绩庆祝。

C. 以自己和团队取得的成功没有多大关系为理由，拒绝加入庆祝活动。

12. 为了提高绩效，几个月来你一直在很努力地工作。但是到目前为止，还没有多少成功的迹象。对此，你会如何反应？

A. 继续努力，相信你为自己订立高目标的做法是正确的，在某个适当的时候，自己的目标一定会得以实现。

B. 减少付出努力，因为觉得自己不用那么辛苦工作，在某个水平上随意发挥一下就可以满足他人的要求。

C. 为了实现目标，再次肯定自己付出的努力不会白费。但是寻求方法上的改进，以取得最后的成功。

13. 你们团队正在做的某件事情出现了一点问题，你觉得自己可以解决这个问题。为此，你会如何反应？

A. 马上提出自己的方案，不给其他人抢在自己面前表现的机会。

B. 等待他人询问自己是否有办法，可以帮忙解决这个问题。

C. 充满自信地在团队成员面前陈述自己的看法，邀请他们帮助自己一起实施解决问题的方案。

14. 你所在的小组正面临着一项很重要的任务，但是没有人自愿承担来完成它，而你有自信把这项任务干好，你会如何反应？

A. 守株待兔，等待他人来询问自己对此是否有意愿。

B. 让小组成员明白，自己有意愿承担这项任务，而且如果有了他们的支持，自己会更有信心、有能力把事情做好。

C. 毫不犹豫、没有咨询他人的意见就自愿报名承担这项任务。

15. 某项职位刚好有一个空缺，但是它要求你承担额外的工作和责任。对此，会如何反应？

A. 不提出申请，因为觉得自己毫无争议就可以得到这个职务。

B. 提交申请，表明自己有能力胜任这份工作。

C. 袖手旁观，看是否有人比自己更适合来担任这个职务，然后再决定是否提交申请。

16. 为了研究某个问题的各种应对方法，将成立一个高层的工作小组。虽然目前还没有人邀请你加入这个小组，但是你明白他们会考虑那些志愿参加的人。你会如何反应？

A. 不愿意自我推荐，因为觉得如果没有人向自己提出邀请，那么一定是他们觉得自己不适合参加小组，不具备研究的能力。

B. 自我推荐，志愿为小组服务。并让他人知道，自己有能力为小组的工作做出积极的贡献。

C. 让其他人知道，如果没有人自愿加入，那么自己乐于去做。

17. 你注意到某个危机正在逐步凸现出来，而且似乎没有人愿意掌控局面。对此，你会如何反应？

A. 积极主动，带头对不利局面采取一定的控制，直到得到外界必需的支持为止。

B. 尽可能快地在第一时间找一个有能力掌控当时局面的人来维持秩序。

C. 管好自己的事情，不希望因为自己积极出头出了差错而受到他人谴责。

18. 有人问你是否愿意作为主队的候补人员参加一项赛事，但是可能不会邀请你做任何事情。对此，你会如何反应？

A. 接受对方的邀请，把它当作是一次加入新团体，体验以及学习新事物的机会。

B. 拒绝对方的邀请，觉得自己可以用那段时间去做更有意义、更有价值的事情。

C. 接受邀请，但是让对方了解到，比起去当他们的候补，自己更愿意去做其他的事情。

19. 有些预想不到的坏消息传来，让你和你的同事对自己将来的发展前景感到焦虑，十分抑郁。对此，你会如何应对？

A. 希望大家都能快乐一点，振作起来。建议大家晚上一起出去玩，别把坏消息放在心上。

B. 让自己陷入消极悲观的心境当中，并持续一段时间。

C. 尽量让自己保持快乐的心境，集中所有思绪，努力寻找各种办法，试图把局势扭转到对自己有利的一面。

20. 出乎意料，他人针对你的表现，提出了一些负面的反馈。对此，你会如何应对？

A. 听着他们提出的各种批评意见，不发表自己的任何看法，但是在心里表示不服。

B. 坚决表示反对，认为对方的意见毫无道理，不可接受。

C. 认真倾听他人的反馈，结合自己的评估，思考可以使用的各种方法，改善自我的表现。

21. 尽管已付出了最大的努力，但是你一直未能实现自己设定的目标。为此，你会如何应对？

A. 坚持自己的目标，但是重新检查寻求实现目标的方法，看它们是否恰当。如果有必要，将付出更多的努力。

B. 不愿放弃，下定决心以后要更加努力。

C. 重新调整自己的目标，把它调整到自己能够实现的水平。

22. 在没有任何思想准备的情况下，要求你调整自己在团队中的职位，到一个全新的、你完全不熟悉的位置上去工作。对此，你会如何应对？

A. 拒绝工作上的变动，因为你觉得在短时间内要求你承担新的职责，对你来说并不公平。

B. 与他人讨论新的职责要求承担哪些具体的义务。然后在经过充分的思考之后，依靠自己的能力回应挑战，接受新的工作。

C. 如果条件确定都符合，那么同意在试用期内从事新的工作。

23. 你正赶着在最后的期限内完成一项很重要的工程，但是在这时你遇到了意想不到的麻烦。你会如何应对？

A. 竭尽所能，不管怎样尽可能高水准地按时完成任务。

B. 向他人解释自己遇到的特殊情况，请求增加额外的时间来完成任务，以达到让你满意的程度。

C. 对问题保持沉默，满足于当时情况下自己的尽力而为。如果有必要，甚至选择走捷径。

24. 你参加了一份工作的面试，但是没有取得成功。尽管在所有的候选人当中，你是看上去条件最符合的一位。你会如何应对？

A. 表示你觉得自己在面试中表现得很好。不过，那天一定是遇到一个发挥得比你要好的人，所以自己才没有成功。

B. 责备自己，没有为面试做好充分的准备。

C. 自称在面试中表现不理想，是因为你并不是很想得到那份工作。

**测验结果统计：**

对照下列标准，对你的情商测验结果进行统计：

比较你自己在测验中的回答与表1中给出的标准答案是否一样，如果一致，请在相关的选项上打一个"√"；不一致则不需做其他标志。最后在表2中统计出你三个等次的"√"数量。

## 表 1 测验题号与标准答案对照表

| 测验题号 | 测验题目给出的答案 | | |
|---|---|---|---|
| | EQ 最高 | EQ 最低 | 中间水平 |
| 1 | A | C | B |
| 2 | A | B | C |
| 3 | B | A | C |
| 4 | A | B | C |
| 5 | C | A | B |
| 6 | B | A | C |
| 7 | C | B | A |
| 8 | A | B | C |
| 9 | A | C | B |
| 10 | C | B | A |
| 11 | A | C | B |
| 12 | C | B | A |
| 13 | C | B | A |
| 14 | B | A | C |
| 15 | B | A | C |
| 16 | B | A | C |
| 17 | A | C | B |
| 18 | A | B | C |
| 19 | C | B | A |
| 20 | C | B | A |
| 21 | A | B | C |
| 22 | B | A | C |
| 23 | A | C | B |
| 24 | A | C | B |

## 表 2　测验结果统计表

| 水平分类 | EQ 最高 | EQ 最低 | 中间水平 |
|---|---|---|---|
| 对应结果 |  |  |  |

**测验结果说明：**

"√"数量最多的那一列就代表了你的情商水平。

对情商的分类评估

下面的每一道题里，都有三个备选答案：A、B 或 C，在每道题的三个答案里面，有一个代表的是情感表现最聪明的反应方式，另外一个代表的是最糟糕的反应，第三个描述的则是前两种反应的折中水平。

有的时候，你会觉得在三个选项里面，自己有两个答案都可以选。如果是这样，请尽量选择能反映你最真实、最具深度一面的那一项。在每一道题目提供的背景下，选择在该情景中最接近你个人做法或者你曾经这样做过的一项，并在相应的答案 A、B 或 C 上画圈。

1. 有人对你所说的表示质疑。你会如何反应？

A. 你会说，"我就知道你会这么反应。"

B. 询问对方，"我的观点存在哪些问题？"

C. 你会说，"我有其他的想法，但是我想先听听其他人的意见。"

这道题要评价的是自我调节中的"保持开放的心态"。选项 C 代表的是情感表现最聪明的反应，因为这种质疑、挑战，对方并不是针对个人有意发出的，而是从旁观者的角度寻求展开一场讨论；同时，这也表明，回答者对此有其他不同的观点。相反，选项 A 由于对发出质疑者表现出了一种攻击性，可能引起双方"互相谩骂"，而不是彼此有序地互换观点，因此是情感表现最愚笨的反应方式。

  2. 你急需一份报告书。你如何对这份报告的起草人表达你的意思？

  A. "我要你在今天把报告递交给我。"

  B. "我们今天需要用到那份报告。"

  C. "今天要用到那份报告。"

  这个问题评价的是自我调节中的"武断、过分自信"。首选答案是 A，因为它表示了个人亲自解决这个问题的意愿，而不是躲在"我们"后面，掩饰了个人的意思；或者如答案 C 那样，以一种与己无关的语气要求对方。就答案 B 来说，至少"我们"这个词的使用表明了一些个人关联以及责任分担的存在。因此 B 和 C 都不是最佳的答案。

  3. 你给一个朋友看你的一些假期的照片，他（她）称赞你在照片中拍得很漂亮。对此，你会如何反应？

  A. 你会说，"你肯定是在开玩笑，我太胖了，最少还需要瘦几斤，看看下巴就知道了。"

  B. 你会说，"谢谢，我整个假期都觉得非常好，感觉过得很开心。"

  C. 你会说，"是的，照片拍得还凑合，而且刚好当时天气也不错。"

  这个问题评价的是自我觉察中的"不要总是自我抱怨"。选择答案 A，是最不自信的表现。答案 C 带了一点自我贬低的味道，但是比 A 要好一些。在本题中，答案 B 显示了个体健康、良好的自尊。

4. 你离开办公室，和几个同事在一起。在休息期间，你打电话到办公室想看看自己是否有一些信息或者留言。在通话过程中你会做些什么？

A. 如果有信息的话，看看都是些什么信息，并且询问某某人正在办公室干什么。

B. 如果有信息的话，看看都是些什么信息；并且顺便带你的同事们看看他们是否也有一些信息。

C. 如果有信息的话，看看都是些什么信息。

这个问题评价的是同理心中的"以自我为中心"。以自我为中心的人只对自己的利益感兴趣。任何回答C的人都能为自己找到合理的解释，但是他们并没有考虑到和自己在一起的那些人的利益。与身边的同事、朋友互相帮助、互惠互利，并且做到"己所不欲，勿施于人"。这样，我们的社交生活才能得以拓展、延续。因此，相比较而言，三种答案中B是情感表现最聪明的回答。

5. 你所在的小组，赶着在最后期限内完成一项重要的任务。但是，有一个同事总是在胡闹，让你注意力无法集中。对此，你会如何反应？

A. 通过命令对方"闭嘴，表现得成熟点"，表明你对他的行为已经忍无可忍。

B. 建议小组进行工作进展的核查，制订出各种计划，按期完成任务。

C. 忽视同事的不良行为，尽量把注意力集中在当前的任务上，并提醒小组成员限期将至，应加紧努力。

这个问题评价的是动机中的"努力达到高标准要求"。答案

A 意味着以自我为中心，由于工作没有取得进展，而把责任推到某一个人身上，并且还有可能冒着疏远小组其他成员的风险。答案 C 比 A 要好，因为它表明，你希望能够按期完成任务，但是这样做还是在不停地催促大家干活而已，可能效果并不好。所以，答案 B 是情感表现最聪明的回答，这种做法努力寻求事情的进展，把小组全体成员（包括制造事端的那个同事）的努力都集中于应付当前手中的任务。

6. 有一个生气的顾客因为产品出了问题，打电话给你，希望得到你满意的答复。对此，你会如何反应？

A. 与顾客争论产品的问题所在，并询问问题产生的原因。认为：如果产品的质量的确是那么糟糕的话，为什么公司没有收到其他顾客的投诉与抱怨呢？

B. 向顾客指出，如果产品有问题的话，通常都是由于使用或者储存方法不当引起的。不过，公司允许给顾客退款或者换一件新的产品。

C. 向顾客说明，你会给他（她）重新换一件产品或者办理退款。不过，希望顾客做出解释，产品是在什么样的情况下出现了问题。

这个问题评价了社会性技能中的"良好沟通能力"，尤其是在顾客服务这一情商水平备受重视的领域。因此，大家应该很容易明白，为什么答案 A 是情感表现最不聪明的反应，而答案 C 最能让人接受。

7. 你意识到自己做了一个错误的决定，将给其他人带来不利的影响。对此，你会如何反应？

A. 努力想各种办法，尽量减少自己造成的损失。

B. 对事件保持沉默，与此同时为自己寻找替罪羊。

C. 向事件的相关人员表示歉意，并提出一些弥补损失的建议。

这个问题评价的是社会性技能中"与他人和谐共事"的能力。把情商用在工作中，如果你把事情弄糟了，你最好为此承担责任，并且积极寻求各种各样的解决办法，弥补自己已造成的损失（答案C），而不是设法把责任推到你的同事身上，自己却逃之夭夭（答案B）。当然，如果选择自己一个人孤军作战，努力降低损失（答案A），结果可能只会把事情弄得更糟糕，而不是更好，无益于事情的解决。

## ◎ 情商技巧评估

运用下述的四个步骤完成你的情商技巧评估。

**步骤一：做好准备**

回答下面所列问题，你需诚实而客观，该怎么样就怎么样。如果你希望在工作中提升你的情商，可以选择你的直接上级、一个商业伙伴或同一团队成员给你一个客观而有帮助的反馈。如果你希望在个人生活中提升你的情商，可以选择你的配偶或亲密的朋友帮你完成此评估。

**步骤二：完成评估**

表3中的陈述是否在75%以上与你的情况相符？请在对应栏内打一个"√"。

## 表 3　测试题目与答案

| 题号 | 测试题目 | 答案 | |
|------|----------|------|------|
| 1 | 在做出决定或采取行动前，我会听听他人的意见。 | 是 | 否 |
| 2 | 我有良好的幽默感。 | 是 | 否 |
| 3 | 我可以从他人的角度观察和感受事情。 | 是 | 否 |
| 4 | 我能冷静和健康地面对管理上的压力。 | 是 | 否 |
| 5 | 在与他人沟通时，我会让对方感觉良好。 | 是 | 否 |
| 6 | 在处于冲突和困难的情况下，我仍能积极思考。 | 是 | 否 |
| 7 | 在开始生气和冒犯他人时我头脑清醒。 | 是 | 否 |
| 8 | 在进行变革时，我会考虑他人的感受。 | 是 | 否 |
| 9 | 除了出现挫折或问题，我会一直默默无闻地工作。 | 是 | 否 |
| 10 | 当使用否定的想法时，我能保持头脑清醒。 | 是 | 否 |
| 11 | 我以遵循计划、支持他人、建立互信的原则工作。 | 是 | 否 |
| 12 | 我一直保持快乐并乐于为新主意付出劳动。 | 是 | 否 |
| 13 | 我会帮助意见不同的人达成一致。 | 是 | 否 |
| 14 | 当面对他人的火气时，我能保持放松而且目标明确。 | 是 | 否 |
| 15 | 为了解决冲突，我提倡公平和相互尊重的讨论。 | 是 | 否 |

**步骤三：得分统计及解释**

你选择了多少个"是"，按照选择一个"是"记 1 分的标准，你将得出你的情商技巧总体得分和相应的得分解释：

　　（1）13 ~ 15 分，表明你的情商非常高；

　　（2）10 ~ 12 分，表明你的情商比较高；

　　（3）7 ~ 9 分，表明你的情商处于中等水平；

　　（4）4 ~ 6 分，表明你的情商低于平均水平；

　　（5）1 ~ 3 分，表明你的情商远低于平均水平。

**步骤四：评估你现有情商技巧的优势和弱点**

步骤二列出的 15 个评估选项中的每一个均反映了你在五类情

商技巧中的某一类水平。这五类情商技巧是：自我认知、社交技巧、乐观态度、情感控制和灵活性。为了统计你每一类技巧的得分，我们提供了下面的问题编号与对应的情商技巧表（见表4）。

使用说明：如果你在第一个问题上画"是"，说明你在自我认知上得1分；如果你没有画"是"，则不得分。如果你在第二个问题上画"是"，说明你在自我认知、社交技巧、情感控制和灵活性上分别得1分；如果你没有画"是"，则对应的四类技巧均不得分。

**表4　对应情商技巧**

| 问题编号 | 对应的情商技巧 | | | | |
|---|---|---|---|---|---|
| | 自我认知 | 社交技巧 | 乐观态度 | 情感控制 | 灵活性 |
| | 是 | | | | |
| | 是 | 是 | | 是 | 是 |
| | | | 是 | 是 | |
| | 是 | 是 | 是 | | |
| | 是 | | 是 | 是 | 是 |
| | 是 | | 是 | 是 | 是 |
| | | 是 | | | |
| | | 是 | 是 | 是 | 是 |
| | | 是 | 是 | | 是 |
| | 是 | 是 | | 是 | 是 |
| | | 是 | | 是 | 是 |
| | 是 | 是 | | | |
| | 是 | | 是 | | 是 |
| | | | | 是 | |
| | | | 是 | | |
| 技巧总数 | | | | | |
| 水平等级 | | | | | |

统计出"技巧总数"后，据此确定每一类情商技巧的水平等次，分别填入"水平等次"栏中。例如，若自我认知的得分是8分，则在其下面的"水平等次"栏内填"非常高"。若社交技巧的得分是6～7分，则在其下面的"水平等次"栏内填"高"。水平等次的确定标准为：8=非常高，6～7=高，4～5=平均，2～3=低于平均，0～1=远低于平均。

自我认知技巧高的人会清醒地意识到他们的感觉怎样，被什么激励，阻碍他们的是什么以及他们怎样影响别人。

社交技巧高的人能与他人进行有效的沟通并保持良好关系，他们会专注地聆听他人的发言并用最恰当的沟通方式满足他人的独特需要。

乐观态度技巧高的人有积极和乐观的生活形象，他们的精神状态使他们朝着目标按部就班地工作，即使遇到挫折也不放弃。

情感控制技巧高的人善于冷静地处理压力，能够应付情感受压迫的环境，如环境变化或人际关系冲突。

灵活性技巧高的人能够适应各种变化，善于运用各种方法解决问题。

1. 如果你独自完成自我评估，请回答下面的问题：

（1）我最突出的情商技巧是（选择"高"或"很高"等级的技巧）什么？

（2）我最应改善的情商技巧是（选择"低于平均"或"远低于平均"等级的技巧）什么？

（3）对我来说，改善情商技巧最重要的是什么？

2. 如果你和他人共同完成你的自我评估，记录一下你们讨论的结果。

（1）你们认为你最突出的情商技巧是什么？

（2）你们认为最应改善的情商技巧是（选择"低于平均"或"远低于平均"等级的技巧）什么？

（3）对你来说，改善情商技巧最重要的是什么？

## ◎ 衡量你的感情技巧

情商背后包含了十分重要的信息，那就是感情会使我们更加聪明。感情非但不会阻碍理性思维，反而有利于理性思维的形成。

尝试一下下面情商测验中部分能力测试题。这些测试题并不一定能给出你的真实水平，但是你可以感受到科学家们衡量感情技巧的方式。

读下面的问题，在 A、B、C 三个选项中选择一个你感觉对自己来说描述最确切的选项，用打"√"的方式标注出来。

**测验题目：**

1. 判断感情：评估你的感情意识。

（1）了解感情。

A. 几乎总是了解自己的感受。

B. 有时了解自己的感受。

C. 从不注意自己的感受。

（2）表达感情。

A. 我的感情表达可以让别人理解我的感受。

B. 有时可以表达出自己的感受。

C. 不善于表达自己的感受。

（3）解读他人的感情。

A. 总是了解他人的感受。

B. 有时了解他人的感受。

C. 错误地解读他人的感受。

（4）解读微妙的非语言感情线索。

A. 能够全面了解他人的感受。

B. 能够解读非语言线索，例如肢体语言。

C. 不注意这些事情。

（5）了解虚假的感情。

A. 总是可以识别谎言。

B. 当其他人撒谎时我通常会感觉得到。

C. 容易被他人愚弄。

（6）了解艺术作品中的感情。

A. 有强烈的审美观。

B. 有时可以感觉得到。

C. 对艺术作品或音乐不感兴趣。

（7）跟踪感情。

A. 总是了解自己的感觉。

B. 经常了解自己的感觉。

C. 很少了解自己的感觉。

（8）对感情控制的了解。

A. 当他人想要控制我的时候我总能知道。

B. 当他人想要控制我的时候我经常能知道。

C. 当他人想要控制我的时候我很少能知道。

2. 运用感情推动思维：评估产生感情并将其融入思

维之中的能力。

（1）当有人向我讲述他自己的经历时。

A. 我能够体会他的感觉。

B. 我理解他的感觉。

C. 我只注意事实和细节。

（2）我可以根据需要产生某种感情。

A. 无论产生哪种感情都很容易。

B. 能够产生大部分感情。

C. 很少或产生感情很困难。

（3）在重要的事情到来之前。

A. 我可以进入积极的、精力充沛的状态中。

B. 或许我能够让自己情绪高涨起来。

C. 我保证自己的情绪保持不变。

（4）我的思维是否受感情的影响。

A. 不同的情绪以不同的方式影响我的思维和决定。

B. 也许在特定场合进入某种特定状态是重要的。

C. 我的思维不受感情的影响。

（5）强烈的感情对思维的影响。

A. 感情可以帮助我把注意力集中在重要的事情上。

B. 感情对我的影响很小。

C. 感情常常使我分散注意力。

（6）我对感情的想象力。

A. 很强。

B. 有点感兴趣。

C. 没什么价值。

（7）我可以改变自己的情绪。

A. 很容易。

B. 经常。

C. 很少。

（8）当有人向我讲述强烈的感情事件时。

A. 我可以体会他们的感觉。

B. 我的感觉有些变化。

C. 我的感觉保持不变。

3. 理解感情：评估你的感情知识。

（1）我的感情词汇。

A. 非常具体而丰富。

B. 一般。

C. 词汇量不是很大。

（2）对于他人产生某种感情的原因，我的理解通常可以获得。

A. 彻底领悟。

B. 有一些领悟。

C. 一些零零散散的东西。

（3）我对感情变化和发展的了解。

A. 很深刻。

B. 一般深刻。

C. 我不感兴趣。

（4）感情假设分析通常会产生。

A. 对各种不同行为的结果有准确的预测。

B. 有时能够预见某些感情。

C. 通常不知道他人的感觉将会有何发展。

（5）当我试图确定产生感情的原因时。

A. 总会将感情和事件联系起来。

B. 有时可以将某种感情与其原因联系起来。

C. 认为感情的产生并不总是有原因的。

（6）相互矛盾的感情。

A. 有时可以体会得到，比如说爱恨共存。

B. 有可能存在。

C. 没什么意义。

（7）我认为感情。

A. 有特定的变化模式。

B. 有时可以随着他人的感情变化。

C. 会偶然出现。

（8）感情推理。

A. 我有比较丰富的感情词汇。

B. 我经常描述自己的感情。

C. 在描述感情时，我总是找不到合适的词。

4. 控制感情：评估你的感情控制能力。

（1）我注意感情的程度。

A. 经常。

B. 有时。

C. 很少。

（2）我根据自己的感情采取行动。

A. 立即。

B. 有时。

C. 从不。

（3）强烈的感情。

A. 可以激励并帮助我。

B. 有时会使我被感情控制。

C. 应该受到控制甚至是遗忘。

（4）我很清楚自己的感觉。

A. 经常。

B. 有时。

C. 很少。

（5）感情对我的影响。

A. 通常可以被理解。

B. 有时可以被理解。

C. 很少被处理或感受到。

（6）我对强烈感情的处理。

A. 既不夸大也不轻视。

B. 有时进行。

C. 不是夸大就是轻视。

（7）我能够改变糟糕的情绪。

A. 经常。

B. 有时。

C. 很少。

（8）我可以保持好情绪。

A. 经常。

B. 有时。

C. 很少。

测验分数统计及解释：

**分数统计：**

统计一下每组题目中A、B、C选项分别共有多少个，然后根据下面列出的计分标准，计算出自己的分数：A为2分，B为1分，C为0分。

1. 判断感情得分：

2. 运用感情得分：

3. 理解感情得分：

4. 控制感情得分：

**得分解释：**

1. 总体解释：8分或8分以下属于低分，9分或9分以上属于高分。这些问题只是为了激发你关于感情技巧的思考，而不是真正衡量你的技巧。

2. 了解四方面感情技巧得分情况的作用。

（1）判断感情：你的分数说明你判断感情的准确性。你是注意了这些数据还是忽略掉了？如果你想知道别人的感受，你的判断是准确的吗？

（2）运用感情：你的分数可以让你了解自己利用感情了解别人的程度或者利用感情提高你决策或思维水平的方式。

（3）理解感情：你的分数可以让你更好地了解自己感情知识的多少。

（4）控制感情：你的分数说明感情在多大程度上可以对你的决策产生积极的影响。

找出自己得分最高的技能，问自己下面的问题：

1. 我有什么优点?

2. 我处理问题的方式是什么?

找出自己得分最低的技能，问自己下面的问题:

1. 我存在着哪些障碍?

2. 在处理某些问题的时候我可能会遇到什么难题?

# CHAPTER 2

## 别让情绪失控害了你

心情的好坏，看上去是源自身外的烦恼，事实上取决于你的一种态度和控制力。态度决定一切，用积极的态度面对压力，才能让你的心情变得愉快。在心情即将崩溃的那一刻，你可以通过看书、听音乐等方式，让心情慢慢放松下来。

## ◎ 控制好自己的情绪

女人要想把握自己，必须控制好自己的思想和情绪，必须对思想中产生的各种情绪保持警觉性，并且视其对心态的影响是好是坏而选择接受或拒绝。乐观会增强你的信心和弹性，而仇恨会使你失去宽容和正义感。如果你无法控制自己的情绪，你的一生将会因为不时的情绪冲动而受害。

情绪往往只从维护情感主体的自尊和利益出发，不对事物做复杂、深远和智谋的考虑，这样的结果，常使自己处在很不利的位置上或为他人所利用。本来，情感离智谋就已距离很远了，情绪更是情感的最表面部分，最浮躁部分，以情绪做事，焉有理智的？不理智，能有胜算吗？

但是，我们在工作、学习、待人接物中，却常常依从情绪的摆布，头脑一发热（情绪上来了），什么蠢事都愿意做，什么蠢事都做得出来。比如，因一句无甚利害的话，我们便可能与人打斗，甚至拼命（诗人莱蒙托夫、诗人普希金与人决斗死亡，便是此类情绪所为）；又如，我们因别人给我们的一点假仁假义而心肠顿软，大犯根本性的错误；还可以举出很多因情绪的浮躁、简单、不理智等而犯的过错，大则失国失天下，小则误人误己误事。事后冷静下来，自己也会感到其实可以不必那样。这都是因为情绪的躁动和亢奋，蒙蔽了人的心智所为。

情绪误人误事，不胜枚举。一般心性敏感的人、头脑简单的人、年轻的人，爱受情绪支配，头脑容易发热。问一问你自己，你爱头脑发热吗，你爱情绪冲动吗？检查一下你自己曾经因此做过哪些错事，犯傻的事，以警示自己的未来。

如果你正在努力控制情绪的话，可准备一张图表，写下你每天体验并且控制情绪的次数，这种方法可使你了解情绪发作的频繁性和它的力量。一旦你发现刺激情绪的因素时，便可采取行动除掉这些因素，或把它们找出来充分利用。

控制情绪是否有一个尺度？有没有可能过于强调对情绪的控制，而出现情绪控制过度的情况？我们都熟悉那些不能或者不愿意表达内心感受的人，并且经常会给他们贴一些标签，如"保守的木头人"等。把不善于表达情绪、情感的人当作笑料，取笑他们，是件很容易的事情。同样，众目睽睽之下掉眼泪、哭泣，也不难做到。对于我们来说，应该记住一个普通的规则，那就是：尽管内心有些情绪让你或者他人感到无比沮丧、厌倦和吃力，但是设法控制住你的各种情绪状态，总是一个更为上乘的选择。

总之，寻求一种平衡的情绪，在情绪的调节过度与调节不足两者之间，就如同有一个金矿那样值得女人去探索，这个金矿的位置要更接近情绪调节过度这端，稍偏离于情绪调节不足。


## ◎ 摆脱压抑和郁闷的心境

一次在火车的餐厅上，有位太太身上穿着名贵的毛皮大衣，上面缀着璀璨夺目的钻石，然而不知是什么原因，她的外表看起来却总是一副不悦的样子。她几乎对于任何事都表示抱怨，一会儿说"这列车上的服务实在差劲，窗没关严，风不断地吹进来"；一会儿又大发牢骚"服务水准太低，菜又做得难吃……"

不过，她的丈夫却与她截然不同，看上去是一位和蔼亲切、温文尔雅且宽宏大量的人。他对于太太的言行举止似乎有一种难以应付而又无可奈何的感受，也似乎相当后悔偕她旅行。

他礼貌地向沉默的同车人打了个招呼，并询问其所从事的行业，同时做了一番自我介绍。他表示自己是一名法律专家，又说："我内人是一名制造商。"此时，他脸上有一种奇怪的微笑。

听完他所说的话，那位同车人感到相当疑惑，因为他的太太看起来一点也不像个实业家或经营者之类的人物。于是，那个同车人不禁疑惑地问："不知尊夫人是从事哪方面的制造业呢？"

"就是'郁闷'啊，"他接着说明，"她是在制造自己的郁闷。"

这位先生的确很贴切地道出了实际情况。

和那些风华正茂的青春女孩相比，都市"郁女"处于女性生活的高层，享受的生活机遇比一般女人充分——教育机遇、职业机遇、婚姻机遇、晋升机遇、获得高报酬机遇等。按说这样的女人应该是最快乐的，然而生活中最常听到她们诉说的词，竟是"郁闷"。

哈佛大学经过实验充分表明，女性比男性更容易沉溺于忧思苦想，所以也更容易陷入悲伤和抑郁。这也从另一个方面解释了为什么女性抑郁症患者如此之多。

转移注意力能够有效改变不愉快的心情。如看一场精彩的体育比赛、看一场喜剧、读一本轻松愉快的书等。为排解通常的悲伤气质，许多人也采取阅读、看电视、看电影、玩电子游戏、猜谜、睡觉、胡思乱想等做法。

还有一些有效抑制郁闷的方法：如进行体育锻炼，洗个热水澡，吃点美味佳肴，听听音乐，上街买点小玩意儿，吃点东西，换一身好衣服，理个新发型。

千万不要用猛吃一顿、酗酒或吸烟的方式来排解。猛吃一顿的女人，事后常常后悔吃得太多；酗酒吸烟使人的中枢神经受到抑制，气质更加消沉。

女人还可以通过做一件事情，取得一个小小的成功。如处理好家里某件拖延已久的杂事，或趁早做完打算要搞的清洁卫生。这些事情很容易做成，做成之后，你会高兴一些的。

比起以上这些，消除抑郁的最好方法是换个角度看问题。当一个人失恋的时候，就产生了自怜自怨的想法，认为自己从此将无依无靠。这个时候，如果换个角度，想一想这段爱情，对自己也许并不那么重要呢！也许分开了才是好的，不分开反而不好。

抑郁症患者气质低落的原因就在于沉溺于自己的苦闷中，如果移情于他人的痛苦，热心帮助他人，就能把自己从抑郁气质中解脱出来。

## ◎ 女人要学会自我减压

哈佛大学的伯恩斯教授进行了一项调查，作为他研究工作效果和情绪健康的一个环节，他向150名每年收入1万～15万美元的推销员提出一系列问题，结果发现，他们之中约有40%是属于追求完美的人。可以预料的是，这40%的人所受的压力，比其余那些不追求完美的人要大得多。

面对社会，没有一个人可以轻松地说，我没有压力。事实也是如此，竞争的日益激烈，让我们的压力几乎无处不在。于是抑郁、亚健康、神经紧张、失眠等症状也越来越多地走进了人们的生活。我们被头痛、消化不良、精神不佳、失眠等痛苦折磨着，然而当我们真正走进医院时，却发现我们又没有得什么病症。这时候或许心理医生可以告诉你真正的原因：你该为你的心灵减肥了。

压力，它让我们每一个人都感到紧张并能够不断奋进。适当的压力是理想的，它可以激励我们不断转化成前进的动力。但是近几年的研究报告却告诉我们，压力过多已经不是少数人承受的现象了，越来越多的人成为了过大压力的受害者。

尤其是对于年轻女性而言，处于奋斗时期的她们，往往处于一种焦虑状态。过高的焦虑指数不但不利于她的成长，反而会妨碍她的工作和生活。对于她们而言，压力的来源有两种：一种是工作压力；一种是心理压力，而往往是工作压力的加重直接导致了心理压力的升级。正常的压力是有益的，可怕的是重压之下，个人的工作状态就会受到负面影响，从而使心理问题也陆续出现。

莎莎从大学计算机系毕业后在一家金融软件公司里做软件工程师助理，很快上级便分配给她一个较大的项目，这个项目对她而言是至关重要的：做得好就可以转正并且待遇升级，否则便有卷铺盖走人的下场。

接下这个项目以后，莎莎没日没夜地查资料，读程序，连续好几周没有放假，晚上即使睡觉也总是睡不踏实，几乎到了废寝忘食的地步。经过一个月的努力，她的工作终于迎来了尾声，而她的健康同时也亮起了红灯。

如果不学会给自己减压，那么肯定也会走上和莎莎相同的路径。面对压力，首先不要惧怕它，要学会把它看轻，看淡；压力无非是一种心理反应，它就如同纸老虎一般，你越是惧怕它，它反而越是强大；另外，减轻心中的压力，关键就是要把自己的心态调整平衡。在工作中遇到工作量大、难度高等困难的时候，要保持乐观、积极的心态，不能悲观、消极，这样不但不利于工作的进行，反而会由于心理疲惫而延缓工作进程。

减压不是放弃对工作、生活的认真程度，而是主观地改变自己的心态，从而乐观地面对它们的一种生活方式。

女人尝试给自己减压，可以从以下几个方向着手：

首先，寻找自己的人生爱好。通过那些令自己愉快的爱好，能够让自己放松下来。

其次，学会合作和授权。每一个人的能力都是有限的，如果事必躬亲，那么不但压力巨大而且效率、成果也不见得好，所以当遇到巨大的工作量或者生活问题时，首先冷静下来分析分析，是不是可以借助他人的力量完成，如果一股劲儿傻傻地往前冲，是不明智的。磨刀不误砍柴工在当今依然适用。

再次，学会休息。工作一段时间以后要学会放松，出去走几分钟或者闭目养神、听听音乐，不但有利于体力的恢复，而且还可以提高你的工作效率。积极地参加体育锻炼，身体才是革命的本钱，一个健康的身体是快乐人生的前提。如果你已感到压力过大，或许可以考虑打一场篮球，考虑登一次高山，考虑做一次远足，这些都是既放松身心，又利于身体的选择。

人生下来不是为了工作，而是为了生活，所以无论多么忙碌，也要为自己的生活保留出一段时间。在这段固定的时间中，你可以放松地倾诉，缓缓地散步，哼一段小曲，听一首歌，让自己在这段闲暇时光中体会生命的美好，这样你的忙碌才能更有价值。学会减压，才会更加懂得如何生活。

## ◎ 提高情感的自控力

哈佛大学的研究人员用两组儿童做过一个"糖果实验"：研究人员把 4 岁的小孩一个接一个地带进房间里，并把一粒糖放到他们面前的桌上，告诉他们："你们现在想吃这粒糖，就吃。但如果你们能等我出去办完事回来后再吃，那你们就可以吃到两粒糖。"

大约 14 年后，当这些孩子高中要毕业时，研究人员再次把那些马上就吃掉糖果的孩子与等待老师回来得到两粒糖的孩子相比较。相比之下，前一组孩子更容易被压力压垮，动辄就生气发怒，常与人打架斗殴，追求自己的目标时抵制不住诱惑。

最令研究人员吃惊的是意外发现：与抵制不住糖果诱惑的孩子相比，那些能等待的孩子在总分为 1600 分的大学升学考试中，比平均成绩高出 210 分。

这些孩子在长大成人、走上工作岗位之后，差异更加明显。那些在童年就能抵制糖果诱惑的孩子到他们二十八九岁时，学到了更多的知识和技能，做事更专心，更能集中注意力，更能建立起真诚且亲密的人际关系，办事更可靠、更具责任心；面对挫折，也显示出较强的自控力。

相反，那些在 4 岁时就不能控制自己，迫不及待抓糖吃的孩子的认知学习能力较差，情感能力比那些能控制自己的孩子更是差了一大截。他们较孤独，办事也不令人放心，做事不专心，在追求目标时，只顾眼前的满足。遇到压力时，他们的承受力或自控力都较差，也不知随机应变，而是重复做些无用功。

如果被情感冲动所控制并达到一定程度时，人们在工作记忆中留给注意力的空间就非常小。对学龄儿童来讲，就可能是不专心听老师讲课、不认真读书及完不成家庭作业。如果这种情况持续下去，年复一年，学习成绩自然就差了，大学升学考试成绩当然也可能差一大截。对参加了工作的人来说，同样如此。冲动与注意力不集中阻碍了学习或适应能力的发展。

情感自我调节不仅包括缓解痛苦或抑制冲动，而且也指根据需要能有意识地激发出一种情绪，有时，甚至是一种不愉快的情绪。例如，医生要告诉病人或其亲属不幸的消息时，他们往往把自己也置于一种忧郁、难过的心情。同样，殡仪馆的殡葬员在与死者家人见面时，也使自己表现出一种悲伤难过的神情。在零售或其他服务业，到处都要求服务员礼貌友好地接待顾客。

有人认为，若要求员工表现出某种情绪，实际是迫使员工为了保住饭碗，不得已而付出的一种沉重的"情感劳动"。如果老板命令员工必须表现出某种情绪，结果只会使员工自然表露出来的情绪与其要求背道而驰。这种情况叫作"人类情绪的商业化"，这种情绪商业化表现为一种情感专制的形式。

如果仔细地考虑一下，就会发现这种观点只说对了一半。决定其情感劳动是否沉重，关键在于人们对自己工作的认同程度。如一个护士认为自己应当关心他人和富于同情心，那么，对她来讲，花些时间以沉痛的心情体谅患者就不会是包袱，而且会使她觉得自己的工作更有意义。

情绪自我调节的观点并不是说要否认或压抑真正的情感。例如，"坏"心情也有其用处。生气、沮丧、恐惧都能成为创新力量或与人接触的动力。愤怒可以变成强有力的动力，特别是希望消除不公正或不平等时。共同分享悲伤，可以使人们凝聚到一起。只要不被焦虑所压垮，因焦虑而产生的急迫心情也可以激发人们的创新热情。

情绪的自我调节也不是要求过度压抑或控制一切情绪和自发的冲动。事实上，过分压抑会造成身体和心灵的伤害。人们在克制自己的情绪，特别是很强的消极情绪时，心跳会加快。这是紧张增强的一种征兆。如果长期这样情绪压抑，就会干扰思维，妨碍智力，影响正常的社交往来。

影响情绪增长的一个重要因素，是内心的自我对话。当遇到麻烦时，我们也许会陷入一系列的愤怒思考中，例如，责备、怨恨或做出"我要报复你"的回应。为了有效地制止这些消极的回应，应该尽快对这些不健康的想法亮"红灯"，使自己的心灵迅速进入平静状态：

（1）回忆你过去曾经经历过的愤怒时刻。重新体验你当时的所有思想、情绪和行为。

（2）想象你的面前有一个巨大的红灯，在你的内心世界里大声疾呼"停止"！

（3）现在做一个深呼吸，想象自己正在把所有的消极念头和情绪都吐出去。

（4）想象自己越来越平静，放松片刻。在这种安宁的气氛中走进自己的身躯，重新体验你在愤怒时曾经拥有的想法、情绪和行为。

（5）如果需要，反复做这一练习。

## ◎ 愤怒不能成为情绪常态

哈佛大学给渴望成功的人士提出一条法则：成功者必懂得自律。因为只有真正地控制住自己的人，才能掌控别人。

气愤并不一定是一种"不好的"情绪。当感到被冤枉或受到不公平待遇时，气愤就会油然而生。但是，当我们所认为的不公平也许是一种误解的时候，气愤也可以导致破坏和暴力。一些别有用心的人可以煽动别人的气愤情绪，使他们缺乏做事的理性，随时准备攻击别人。

气愤的合理运用可以赋予我们战胜邪恶的力量和动力，可以使我们勇敢地和霸权作斗争，让这个世界变得更美好。但当我们失去了理智和思考的能力，当我们被气愤冲昏头脑时，气愤就遭到了不合理的运用。这就是所谓的盲目气愤。我们往往会气愤得根本不知道自己是在故意搞破坏，不知道自己正在对任何人、任何事都毫无理由地发火。

气愤也是有代价的。气愤可以通过多种形式损害我们的健康。如果在生活中，女人常常爱生气，对别人愤怒地颐指气使，或者莫名其妙地发脾气，相信没有人会喜欢和接近她。

乐乐是一家连锁美容店的资深美容师，在一次年终调职时，同事们听说新来的丹丹被提升而乐乐没有得到提升时，都跑到乐乐的办公室里抱怨个不停，纷纷说："乐乐是最了解业务的人，这个新来的什么都不懂。"但乐乐却说："姐妹们，冷静点。我没有一点不开心。她是真正合适做这份工作的人。上周，老板和我已经就这件事进行了长谈。丹丹在这方面很有资历。"

接纳自己的情绪，与你的情绪状态一起投入到工作中，而不是沉浸在情绪状态中无法自拔。当一种情绪产生时，与其想着"我必须现在处理自己的情绪"，或者"我必须把压在胸口的情绪发泄出来"，倒不如试着换一种思维方式："我真的要现在就处理自己的情绪吗？"或者"我真的要处理自己的情绪吗？"又或者"我如果现在处理自己的情绪，要付出什么代价？"通过延迟获得满足，抑制你的冲动，你实现了对自我进行良好的控制。所以，在与那些一遇到各种情绪、本能驱使就马上陷入其中、无法自拔的人相比较的情况下，你的优势立刻就体现出来了。

女人控制愤怒情绪的诀窍：

1. 延迟评判，抑制冲动

你越挑剔，就会发现有越多的事情让自己感到生气。如果你偶尔延迟对事情发表意见，而不是马上给予判断，那么你的生活肯定会轻松简单很多。

当然，如果加以正确合理的引导，我们的各种本能可以给我们的生活带来许多开心无比的瞬间。例如，一些朋友带着礼物不期而至，他们是想为彼此多年的深厚友谊庆祝一番。也许当时你的反应是，不假思索地把自己珍藏多年的佳酿拿出来与朋友分享；接下来发生的便是让人感到非常美好的一晚。

2.搁置问题，转移注意力

当人们被激怒时，通常身边的人会劝他们说"别把事情放在心上"，无论是什么让他们感到不幸、忧伤，都要把注意力从那些事情中转移出来。实际上，这是在建议他们"把问题先搁在一边"，如果实在没办法，非处理不可，那么等他们的情绪平静下来，心情好一些时再回来解决这些问题。

3.坚定果断而非盛气凌人地表达自己

硬起心肠让自己变得坚定果断一些，不屈服于害羞、难为情等不良情绪，也是一种有效的调节方法。一旦你学会坚定果断地表达自己，很快就能形成一种习惯，从而让他人能够更好地明白你、理解你，这在某种程度上看来，具有相当的解放意义。因此，沉着冷静并有礼貌地说出你的想法，会让你觉得在情感上好受一些，更有力量一些。

4.顺其自然，对事情不要过于强求

为了让自己的情绪保持安宁稳定，你最好能够认清事实，并且接受事实。对事情过于强求，有的时候一点意义都没有。因为你越是强求，就越会觉得沮丧。比较聪明的一种应对方法是，重新检查一下自己制定的各个目标，并且看看你寻求达到这些目标的途径是否恰当。条条大路通罗马，实现某个目标可以有很多不同的解决办法。所以，改变你现在的处事方式可能是一个更好的选择。

5.无论在什么时候都要尽量让自己保持一种均衡感

在我们的日常生活中，有许多决策都是在没有充分考虑后果的情况下做出的，所以，如果最后决策的走向与自己的预期或意愿并非完全一致的话，也并不值得为此焦躁不安。如果你属于那种对任何事情或所有的东西都盯得很紧，并且总是对达不到自己的要求、不符合自己心意的状况感到无比沮丧与生气的人，那么请尽量让自己变得随和一点，这样你将会发现自己在情绪上的损耗和激怒会减少很多，你也能更加深刻地体会到顺其自然的随意和轻松。

## ◎ 从感情波动中回归平静的生活

台湾地区著名女作家三毛小时候是一个勇敢而活泼的女孩儿。12岁那年，三毛以优异的成绩考取了台湾地区最好的女子中学——台北市立第一女子中学。在初一时，三毛的学习成绩还行，到了初二，数学成绩一直滑坡，几次小考最高分才得50分，三毛很有些自卑心理。后来发生的一件事，彻底改变了三毛的人生轨迹。

有一次考试，由于题目难度很大，三毛得了零分，老师对她非常不满，还在全班同学面前羞辱了三毛。只见这位数学老师拿起蘸着墨汁的毛笔，叫三毛立正，非常恶毒地说："你爱吃鸭蛋，老师给你两个大鸭蛋。"老师用毛笔在三毛眼眶四周涂了两个大圆饼，因为墨汁太多，它们流下来，顺着三毛紧紧抿住的嘴唇，渗到她的嘴巴里。老师又让三毛转过身去面对全班同学，全班同学哄笑不止。然而老师并没有就此罢手，他又命令三毛到教室外面，在大楼的走廊里走一圈再回来，三毛不敢违背，只有一步一步艰难地将漫长的走廊走完。这件事情使三毛丢了丑，她从此不肯踏进校门一步，整天躲在家里自己的小屋内，不肯出来见人，因而患上了少年自闭症。

少年自闭症影响了三毛一生，在她成长的过程中，甚至在她长大成人之后，她的性格变得脆弱、偏激、执拗、情绪化。这样的性格对于她后来的作家职业可能没有太多的负面影响，但却严重影响了她人生的幸福。1991年1月，三毛在台北自杀身亡，这与她的性格弱点有关。正是因为三毛的性格，才导致了她那可悲的命运。

对于12岁时的丢丑事件念念不忘，使三毛形成了不好的性格，也是造成她一生悲剧的根源；如果她能忘怀，幸福快乐地过一生也未可知。

从三毛的经历来看，对于一些不愉快的往事和不值得一提的小事，以及没有意义的琐事，我们就应及时地忘掉，别放在心上，以免伤害自己。同时，只有既往不咎的人，才可甩掉沉重的包袱，大踏步地前进。

"你好吗？""我很好。你呢？""我也很好。"当我们的情绪处于稳定状态时，会这样回答。反之，当情绪出现波动时，比如惬意到不惬意，从容到极为激动，那么我们的回答就可以是我很"快乐"或我很"害怕"。感情的稳定和波动可以告诉我们，即将发生危险还是平安无事。

　　如何才能知道能够引起强烈感情波动的事物是什么？哈佛大学实验证明，要找到答案，需要从分析自己的感觉开始。例如，想一想什么事情让你感到烦躁或伤心？试着想想你最后一次产生这种感觉时的情况。

　　生活中，我们常常会表现出以下几种感情状态：

　　担忧、焦虑和恐惧，可以告诉我们不好的事情正在发生或即将发生。这些代表危险的感情，必须引起我们的注意。恐惧往往指将来的事情，即预见到糟糕的事情即将发生。恐惧的感情出现时，会伴有不安的感觉。长期的、一般的害怕就造成了焦虑。人出现焦虑时往往觉得会发生麻烦的事情，感觉起来就像是精神的慢慢衰竭。当没有潜在的威胁而我们仍然感到焦虑，当焦虑变成了一种长期的状态，我们就不仅仅是体验这种感情了，而成为一种叫焦虑症的疾病。

　　我们喜欢的东西被夺走了，我们会为这种失去感到悲伤。悲伤可以让我们产生这样的想法：我们想要的东西不会再有了。我们感到悲伤时，最需要在关键的时刻得到别人的支持和帮助。

　　羞耻意味着你没有实现自己的个人理想或价值，因此，羞耻和愧疚的感觉有相似之处。但在这两种感觉之间还存在着重要的不同点。当我们失败时，会感到愧疚；但是，我们是把导致失败的原因归结在自己身上并感到羞耻时却存有推卸责任的意识。羞耻和愧疚的另一个基本不同点在于注意的重点不同：在感到愧疚时，人们把感情的重点放在了动作上："看我做了什么。"但是，在感到羞耻时，重点则被放在了个人的失败上："看，我做了什么。"

　　当我们意识到自己违反了社会准则或禁忌时，我们会感到窘迫。窘迫是一种复杂的感情，它包括羞耻和愧疚。同时，你的错误被大家发现时，窘迫中也会包含着一些惊讶。感觉到窘迫、羞耻或愧疚有什么作用呢？这样的感情会让我们感到很难受，周围的其他人也会感到不舒服。但是，窘迫的感情发挥着重要的作用——防止暴力和争执的发生。如果我们无意间说了什么话或做了什么事让他人感到不愉快或伤害了他人，那么被伤害的对象也许会生我们的气。

以上几种感情表现能够反映我们与周围环境的关系。那么，这里的信息可以告诉我们引起感情的事件。了解感情产生的根本原因，我们就会对各种事件平静地处理和看待。假设你不断地失去工作，在每一份工作失去以后，你都首先会感到震惊，继而是伤心，最后会感到气愤。但是，无论是什么样的感情波动，都会过去，随着时间的发展会渐渐平息下去。等到感情恢复之后，我们又会回到平静的生活当中。了解了感情变化及其规律，表明我们正在逐渐变得成熟。

## ◎ 保持积极的情绪

爱丽丝是个公司职员，一天，回到家时她已筋疲力尽，疲惫不堪。头痛、背痛、不想吃饭，只想上床睡觉。经不住母亲一再要求，爱丽丝才坐到餐桌旁。

电话铃响了，是男朋友邀她出去跳舞。这时爱丽丝的眼睛亮了起来，整个人变得神采飞扬。她冲上楼，换好衣服出门，一直到凌晨3点才回家，她看起来一点也不显得疲倦，而且因兴奋过度无法入睡。

那么，8 小时以前，爱丽丝是不是真像她所表现的那么疲倦不堪呢？当然是的。因为她对工作觉得厌倦，抑或对生命觉得厌倦。这世上有成千上万个爱丽丝，你或许就是其中之一。

情绪上的因素比生理上的操劳更能制造疲倦。

乔瑟夫·巴马克博士在《心理学档案》发表了一篇实验报告，说明倦怠感如何制造疲劳。巴马克博士要几个学生通过一系列枯燥无味的试验，结果学生都感到不耐烦想打瞌睡，并且抱怨头痛、眼睛疲劳、坐立不安，有些人甚至觉得胃部不舒服。难道这些都是想象出来的吗？当然不是。这些学生还做了新陈代谢测验。测验显示：当人们厌倦的时候，身体血压和氧的消耗量显著降低。而当工作较为有趣富有吸引力时，代谢现象立刻加速。

这个实验的结论就是：我们的疲劳往往是由于忧烦、挫折和不满引起的。有兴趣就有活力，和唠叨的妻子或丈夫同行一小段路，要比和心上人同行 10 里路还累！

美国哈佛大学心理学家芭芭拉·弗雷德里克森最近的研究成果指出，积极的情绪可以开启人类的心灵，使其朝更多的方向发展；也就是说，积极思考的人比消极思考的人拥有更多的选择和资源。如果女人能够不断保持积极的情绪，那么不论做什么事效率都会比较高。

1.消极的情绪更具有强迫性

人类偏向消极情绪的部分原因是，许多问题比积极因素的强化更具有强迫性。

2.负面的情绪会限制思考能力

负面的情绪会限制我们的思考能力，例如看到一只不怀好意的大狗向你冲过来，你会立刻产生这只狗可能攻击你的负面想法。若没有这个有意识的念头，你可能不会主动设法保护自己。如果你想象这只狗即将攻击你，你全部的意识就会集中在如何全身而退的问题上。

3. 积极的情绪可以开启思考

如果女人充满喜悦，各种可能性都会存在。在这种情况下，女人可以四处玩乐、欢笑，享受幻想的乐趣，在情绪上、心智上、社交上尽情开放。"危险"在充满喜悦的情境下，是毫无立足之地的。

4. 积极的情绪可以调节负面的情绪

以喜悦代替愤世嫉俗，可以协助女人怀着更满足的心态完成工作。

5. 积极的心情往往会产生更具创造力的思考，更具诱导性的推理能力（解决问题），以及更有弹性的行事方法

如果你把世界看成是积极的、安全的和充满乐趣的，你就可以积极地解决问题，并发现新的解决途径。

以积极的情绪代替负面的心理状态，必须从认知开始着手，其次才是有意识地转换或改变情绪。在不同的心理状态之间来回转换，是改变情绪的重要技巧之一。

## ◎ 5 招教你对付坏心情

每个人都会有愉快的时候。女人生理周期中每一个月都有那么几天是情绪低落时期，情绪不好有时会让我们把自己积累了许久的印象、计划、工作毁掉或损伤。

如何克服坏心情呢？最好的方法就是把心里话说出来，尽管有时候周围没有人在听你说话现在各地都有许多"心理热线"之类的机构，这些机构最大的宗旨是维护人的心理健全，让人保持一份好心情，这种做法在心理学上称为"宣泄"，是一种心理防御机制。

还有一种更重要的方法叫"自制"。自制同样是一种心理防御机制。柏拉图说："就人本身而言，最重要与最重大的胜利是征服自己。"

现代医学也为我们克服坏心情提供了很多镇静剂、抗忧郁剂，这为我们的坏心情得到排解起到了很多的作用。

更为可喜的是，现代人发现了对付坏心情的一些非药物性方法：

1. 运动

在各种改变心情的自助技术中，耗氧运动最能消除坏心情。研究人员强调指出，由于化学和其他的各种变化，使运动可与提高情绪的药物相媲美。

家务劳动等体力活动的效果很差，关键在于做耗氧运动，如跑步、骑自行车、快走、游泳和其他重复性持续运动，可以增加心率加速血液循环，改善身体对氧的利用。这种运动每次至少进行 20 分钟，每周进行 3~5 次。

2. 穿亮色衣服

哈佛大学有研究者称，就像维生素是身体的营养品一样，颜色也可以成为精神的营养品。为消除烦躁与愤怒，避免接触红色是有好处的；为了抗忧郁不要穿黑色、深蓝色等使心情沉闷颜色的衣服，也不要置身于这种颜色的环境之中。应该寻找温暖明亮积极的颜色，以使心情轻松。为减轻忧虑与紧张，应选择中性的颜色，以取得镇定、平静的效果。例如，医院常用柔和的绿色为主色，以使病人安静。

### 3. 听音乐

音乐对不好的心情有治疗作用，应当根据等同心情原则选择音乐。

如果心情忧郁，就应选择忧郁的音乐。虽然，这似乎增加您的忧郁感，但这是改变心情的第一步，可以选用一小段音乐，逐步把原有的心情导向所要求的心情。

### 4. 做个开心的吃货

食物与心情有着重要的联系。糖类食品是有安慰作用的食品。单吃糖类食品有镇静作用，这是因为糖类食物刺激脑组织产生的元素可使我们感到平静和松弛。50克糖类食物已足以引起安静效应、爆米花、咸脆饼干等低热量糖果食品，与油炸圈饼、油炸土豆片等致肥食品有同等的镇静作用，蛋白类食品使人维持警戒状态和精力充沛。

在这方面，最好的蛋白质食品是甲壳类、鱼类、鸡、小牛肉和瘦牛肉，吃100克左右就可有效。

高咖啡因摄取也参与心情的变化。对比试验发现，对某些人来说，高咖啡因摄取与抑郁、烦躁和忧虑的加深有密切关系。

### 5. 增加照明

哈佛心理卫生研究所发现，有些人易发生冬季忧郁症，这是一种季节影响病，是因缺少光照引起的。只要每天增加2～3小时荧光灯人工照明，心情就会好起来。

这些方法大家不妨试一试，或许会让我们的心情不自觉地变好了。

# CHAPTER 3

## 心向美好，且有力量

女人的心态与命运相连，不要让消极的念头占据你的思想，对生活要始终保持乐观的心态。能让自己的脸上多一点微笑和幸福感，是生活快乐的标志。女人，请保持阳光的心态，学会面带微笑对待生活，多一些快乐，就多一些幸福。

## ◎ 乐观积极，做阳光女人

为什么有时候跟那些怨天尤人的女人在一起，自己就感到气氛惨兮兮、闷恹恹的，整个人的情绪似乎都垮了；而跟眉飞色舞、积极阳光的女人相处，心情一般会被感染得好起来？

哈佛大学一位医学博士对 225 名青年女大学生追踪观察 30 年发现，压抑感强的人，死亡比例高达 15%；而性情开朗热情的人，死亡比例仅仅是 2.5%。一个乐意与人为善、帮助他人、扶危济困的女人，总能获得精神的快慰与心情的舒畅。

在一个快乐的家庭主妇家里，生活总有一种温暖、向上、昂扬的氛围。社会心理学家爱卡罗尔·塔韦斯曾提出过一种"幽默治疗法"。她谈到她母亲是怎样让她心情愉快时说："每当我心情糟糕时，说教只会让我发疯，而母亲就带我去看查理·卓别林的电影，我们开怀大笑，忧闷的心情就烟消云散了。"

一个幸福的女人绝对是一个心情非常好的女人，而一个心情好的女人会调适自己的坏心情，随时给自己一份快乐的好心情。

积极的心态要保持在每一个时刻，坚持住你就会成功。你或许不信，难道心态这个东西真的如所说的这般神奇吗？从下面这个小故事，你便可以形象地看到积极的人生态度和消极的人生态度到底有什么区别。

有一个名叫胡达克鲁丝的老太太，她的朋友和邻居迈克夫人和她是同龄人。她们在共同庆祝 70 大寿时，迈克夫人认为人活七十古来稀，自己已年届 70，是该去见上帝的年龄了。因此她决定坐在家里足不出户，颐养天年。而胡达克鲁丝则认为：一个人能否做什么事，不在年龄的大小，而在于自己的想法。于是她开始学习爬山，其中有几座还是世界上有名的高山。在她95岁高龄时，登上了日本的富士山，打破了攀登此山年龄最高的纪录。

女人的心态与命运相连，不要让消极的念头占据你的思想，女人什么时候都应该保持积极向上的心态。

乐观而阳光的女人自信、漂亮，看待事情总是看积极的一面，凡事都往好处想，时常保持着好心情，灿烂笑容常会挂在脸上，神采飞扬。乐观积极的女人总能发现和欣赏到生活的美好，抓住幸福和快乐的瞬间，并且将快乐与人分享或者传递给更多的人。

乐观的女人无论多少岁，永远都是活力四射的，那可掬的笑容让人感觉温暖和快乐，时常给人以鼓励和信心，让人充满激情和斗志。没有人会拒绝和乐观积极的女人成为朋友。

女人的美丽与心态有着密切的关系。心态乐观积极的女人精神焕发，满面春风，神采奕奕，体态轻盈而美好。而悲观的女人总是在叹息：我的快乐在哪里，谁抢走了我的快乐？

保持一颗乐观的心态，快乐便能常驻你的身边。心态的调节作用是巨大的，同样的东西在不同的心态下，却表现出截然不同的局面。乐观的人总是能够看到美好，看到希望，从而心情愉快；悲观的人总是看到黑暗，看到绝望，从而哭泣和厌世。

对于乐观的人而言，外人眼中糟糕至极的事情都可以转化成可以坦然面对的事。人生不过短短几十年而已，无论遇到什么挫折，都应该乐观地接受、积极地去改变。

女人能够乐观地面对人生，乐观地接受生活的挑战，即使在危急情况中也能够生存下去。

此外，还要注意一点，女人大多容易有抑郁情绪，所以抑郁是女人拥有阳光心态、乐观积极的大敌。

抑郁是女性中一种常见的心理疾病。抑郁的女人大多眉头紧锁，容易敏感，性格孤僻、自闭。严重的抑郁会影响女人的身心健康，对生活和工作带来很多不便。所以，做个快乐女人，就不要让抑郁的情绪影响自己。

摆脱抑郁情绪，让自己拥有阳光心态，有助于心理健康。比如，暖色调或者是亮色调的衣服总会给人一种积极的感觉，而冷色调或者是暗色调会给人一种烦闷、抑郁的情绪。因此要想让自己的抑郁情绪变得少一点，最好多穿暖色调的衣服。音乐是最好的心理良药，对人的情绪起到一定的积极影响，让心灵得到净化。女人常听音乐，平时多唱歌，抑郁情绪就会慢慢得到改善，整个人也变得快乐起来。

多参加活动，拓展交际，培养乐观性格。比如，参加朋友聚会，旅游或者与人交谈和沟通，将郁闷从内心中排除掉，不久就会变得外向开朗。通过朋友的帮助和带动，让自己走出抑郁，获得快乐，成为人见人爱的开心果。

## ◎ 心态平和的女人更迷人

众多成功者向我们表明这样一个奇怪的现象：世界上，成功的、不平凡的人是少数的，这些人往往生活得充实自在、潇洒乐观；而失败的、平庸者居多，这些人往往生活得艰难、空虚和消极。

可见，一个人的心态和他的生活状态密不可分。

　　女人不要总是去抱怨什么，而要时时保持平和的心态，把自己变成幸福的主人。虽然女人的美丽有很多种，可是慢慢地，当女人老去时，很多种的美丽都会慢慢褪色，只有幸福的心态会让女人随着岁月的长久而变得更加幸福。

　　生命的质量取决于每天的心态，女人对幸福的感觉来自于健康的心态。

　　要有良好的心态，要学会忘记、宽容过去。要敢于向前，宽容大度，勇于承认自我。如果对当前状况总是抱有不满意的念头，那就会永远生活在痛苦中。

　　心态平和的女人会养成一种习惯，善于发现生活中美好的方面。每个感动的瞬间，每一处生命的绽放，都是美好的。

　　心态平和的女人懂得让心灵获得轻松，懂得用遗忘获得自由。活在当下，就要有阳光心态，只要微笑前行，相信未来一定会更美好。

　　保持平和健康心态的女人，随时随地都散发着迷人的光彩。这种心态就像和煦的阳光一样照亮着他人，温暖着他人。平和心态也是一种无形的力量，会慢慢地将他人的心融化，变得柔软起来。

　　心态平和的女人不是柔弱的，而是坚强和乐观的写照。在失望的时候会对自己说一句"没什么"；在阴郁的日子里，会笑着说"会好的"。这并非放纵所有的过错，只是拒绝沉溺。

　　女人能把握的只是自己。不要把自己的幸福建立在别人的行为上面，否则将因为没有把握而惶恐。不要总为未来忧心忡忡，如果担心的事情不能被自己所左右，就随它去吧。

　　心态平和就是要做到"心平气和"，包括"心平"和"气和"两个方面。

生活中，女人无时无刻不受欲望的诱惑，要想"心平"，首先要管好自己的欲望。除了"心平"，还要懂得"气和"。所谓"气和"就是在与人交往的时候一定要温和相待，凡事保持冷静。对于一个有修养的女人来说，心态平和可以使自己更幸福更迷人。

1. 情绪影响女人的幸福指数

轻松、愉快、乐观等良好情绪，不仅能使人产生超强的记忆力，而且能活跃创造性思维，充分发挥智力和心理潜力。而焦虑不安、悲观失望、忧郁苦闷、激愤恼怒等不良情绪，会影响人们对幸福的理解。

女人应学会做自己情绪的主人，培养愉快的心情，调节好自己的情绪，提高适应环境的能力，保持乐观向上的精神状态。以积极的心态看待一切事情，就是快乐的。每天总是乐呵呵的，身边的人也会受良好情绪的影响而感到开心。因为情绪是可以感染的，所以，控制好情绪十分重要。

2. 幸福女人不生气：少生闲气，不生闷气，降低怒气

闲气是由生活琐事而生的不该生的气。闷气是有气不发，强憋在心里的气。怒气是因情绪冲动或行为过激而爆发出来的恼怒之气。女人大多爱生气，而闲气、闷气和怒气可以说是生活中最常见的生气状态。俗话说，气大伤身，生气对身体健康是不利的。女人要学会颐养身心，做到不生气。不生气是女人的修养，体现的是女人的气度和胸怀。女人应该学会控制自己的情绪，碰上了不愉快的事，要学会给自己"消气"；确实遇到烦心的事，也要"戒"字当先，戒除恼怒。遇事冷静、待人宽厚并能适当克制自己的情绪，做到心平气和，这样的女人离幸福最近。

3. 心态平和的女人一定拥有宽大的胸怀

女人要颐养身心，就要下功夫修炼品行，学会宽厚待人，谦逊处世。要做到心胸开阔，宽宏大量，对一些细枝末节的小事不斤斤计较、耿耿于怀。要颐养身心，还要学会息怒，善于控制和调理自己的情绪，只有这样生活才会快乐、轻松。能够拥有平和心态的女人，性情是温顺的，待人是宽容的，不会伤害别人，也不会伤害自己。而心态做不到平和，心理就容易失衡，不仅习惯伤害别人，也拿别人的错误惩罚自己。

4. 女人养心有三宝：不焦躁、不自扰、少烦恼

女人应该学会管理自己的情绪，做自己情绪的调节师，摆脱不良情绪，让快乐占据心灵。焦躁不安，坐卧不宁，会让女人的心疲累；无端的烦恼、莫名其妙的忧虑甚至庸人自扰，都是破坏美好心情的大敌，是女人心灵上的沉重负担。一个总是感到烦恼的女人不会给别人带去快乐，一个心事重重的女人会让自己衰老得更快。所以，女人要让自己永远具有魅力，先要修养心灵，除掉束缚心灵的沉重负累，才能由内而外散发出健康和活力。

## ◎ 快乐是女人的人生主题

按照心理学家哈利·克塞克的说法，快乐意味着生活在一种"沉醉"的状态中。生而为人即是一种快乐，快乐是人生的主题。

只要我们用心去体会，以饱满的热情去对待生活，就能快乐度过每一天。在快乐中沉醉，陶醉在生活的美好中，其实并不难，关键在于我们自己的感受。

女人要有一颗快乐的心，时刻洋溢着愉悦感的女人最美丽，

也是幸福的。当早晨睁眼看到美丽的朝阳，鼻子嗅到清新的空气，感受到早晨的美好，那么她是快乐的。在公司里出色完成任务，受到老板表扬，赢得同事们的尊重，那么她是快乐的。下班回家，看到桌子上香甜可口的饭菜和孩子优秀的成绩单，那么她是快乐的。晚饭后陪同爱人和可爱的孩子在公园中散步，享受天伦之乐，那么她是快乐的。生活中令我们快乐的事很多，只要我们细心观察，用心体味，就会发现有许多乐趣包含其中。

快乐出现的频率并不像我们想象得那样少。当一个小女孩得到她盼望已久的洋娃娃时，这是快乐；当一位学生学习成绩十分优秀常受到人们的赞扬时，这是快乐；当一位白领工作一帆风顺时，这是快乐；当一位已婚妇女有了爱她的丈夫和听话的孩子时，这也是快乐。

不同的人有着不同的快乐。对于那些容易满足的女人来说，得到快乐的时刻便多些。对于不知足的女人来说，总觉得自己不够快乐，或者快乐根本就没有降临到她的身上。其实快乐是很简单的感觉，只有心中认为有快乐的存在才会使自己快乐。快乐的女人，会把生活过得有滋有味。

许多女人到外界去寻求快乐，而对身边的美景熟视无睹。其实只要用心生活，身边就有感动你的美景。只要带着一颗愉悦的心情去看周围的风景，你随时都可以感到愉快。你可以在阵雨中歌唱，使音乐充满你的心灵；你可以在烈日中独行，让阳光洒满你的心灵；你可以在风中散步，让风儿吹散你心中的不快，你可以……总之，只要你愿意，快乐随时都会陪伴着你。

快乐是一种神奇的力量，拥有快乐的心会让女人变得年轻。人生就像坐车，要经受各种未知的颠簸，有的人能从容自信地欣赏到窗外的风景，怀着激情享受和驾驭生活；而有的人即使是安稳地坐在座位上，也看不到眼前稍纵即逝的美景，因为他们根本就没有更多的精力和情感去拥抱这个世界，这颗"枯竭干涸、老去的心"已经无法面对艰难。

哈佛大学研究者通过对那些生活得轻松而快乐的高情商女人的研究，总结出了女人在生活中如何运用情商令自己快乐的10大秘诀：

1. 不抱怨生活

快乐的女人并不比其他人拥有更多的快乐，而是因为她们对待生活和困难的态度不同——她们从不问"为什么"，而是问"为的是什么"；她们不会在"生活为什么对我如此不公平"的问题上做过长时间的纠缠，而是努力去想解决问题的方法。

2. 不贪图安逸

快乐的女人总是离开让自己感到安逸的生活环境，快乐有时是离开了安逸生活才会积累出的感觉，从来不求改变的女人自然缺乏丰富的生活经验，也就难感受到快乐。

3. 感受友情的快乐

广交朋友并不一定带来快乐感，而一段深厚的友谊才能让你感到快乐，友谊所衍生的归属感和团结精神让人感到被信任和充实，快乐的女人几乎都拥有团结人的天分。

4. 快乐地工作

专注于某一项活动能够刺激人体内特有的一种荷尔蒙的分泌，它能让女人处于一种愉悦的状态。研究者发现，工作能发掘人的潜能，让女人感到被需要和责任，这给予女人充实感。

5. 降低负面影响

少接受些有关灾难、谋杀或其他的负面消息，这样，无形中就保持了对世界的一份美好乐观的态度。

6. 对生活充满理想

快乐的女人总是不断地为自己树立一些目标，通常她们会重视短期目标而轻视长期目标，而长期目标的实现更能给她们带来快乐感受，你可以把你的目标写下来，让自己清楚地知道为什么而活。

7. 给自己积极的动力

通常人们只有通过快乐和有趣的事情才能够拥有轻松的心情，但是快乐的女人能从恐惧和愤怒中获得动力，她们不会因困难而感到沮丧。

8. 规律的生活

快乐的女人从不把生活弄得一团糟，至少在思想上是条理清晰的，这有助于保持轻松的生活态度。她们会将一切收拾得有条不紊，整齐而有序的生活让人感到自信，也更容易感到满足和快乐。

9. 珍惜时间

快乐的人很少体会到被时间牵着鼻子走的感觉，另外，专注还能使身体提高预防疾病的能力，因为，每30分钟大脑会有意识地花90秒收集信息，感受外部环境，检查呼吸系统的状况以及身体各器官的活动。

10. 心怀感激

抱怨的女人把精力全集中在对生活的不满之处，而快乐的女人把注意力集中在能令她们开心的事情上，所以，她们更多地感受到生命中美好的一面。因为对生活的这份感激，所以她们才感到快乐。

## ◎ 懂得珍惜，心怀感恩

维克多·弗兰克在自家洗手间的镜面上写下的那段话，相信很多人都不会陌生："我闷闷不乐，因为我少了一双鞋。直到有一天，我在街上见到有人缺少了两条腿。"

有些女人总觉得自己不幸福，这是因为她们不懂得在幸福的时候享受幸福，更不懂得在苦难的时候回味幸福。幸福是勤劳、勇敢和智慧的结晶，它是快乐的时刻，是一种心灵的感觉。

既然幸福是人生中最美好的时刻，那么，我们怎样来享受它呢？享受幸福就要快乐地享受生活。当幸福来临的时候，我们要激情地享受每一分钟，让它像纯净的酒精一样燃烧成淡蓝色的火焰。当苦难来临的时候，我们要经常回味以前幸福的时光，这样我们的心情就会变得愉快，面对困境也就比较乐观，从而能够更好地迎接下一个幸福的到来。我们虽然不能够让自己的每天都充满幸福，但只要我们更积极地把握幸福，我们就有可能拥有更多的幸福。

不要活在过去中或只是为了未来而活，而轻易地让生命由指端滑落。重视现在、把握当下，每天都过着很充实的生活。当我们仍可以尝试时，不要轻言放弃；在我们停止尝试之前，没有任何一件事情是已经结束的。不要害怕承认自己是不完美的；不要害怕面对风险，我们在尝试中学会勇敢；不要说真爱难寻，而将爱排除在生活之外。

我们应该善加投资运用，以换取最大的健康、快乐与成功。时间总是不停地在运转，我们可以努力让每个今天都有最佳的收获。记住：别让生命都用在等待之中。等20岁以后，等到大学毕业以后，等到结婚以后，等到买房子以后，等最小的孩子结婚之后，等把这笔生意谈成之后，等到退休以后……人人都很愿意牺牲当下，去换取未知的等待；牺牲今生今世的辛苦钱，去购买后世的安逸。许多人认为，必须等到某个时间或某件事完成之后，再采取行动。

然而，生活总是一直在变动，环境总是不可预知。现实生活中，各种突发状况总是层出不穷，我们永远不知道下一秒钟会发生什么事，霎时间，生命的巨轮倾覆，我们可能就因此闯进一片黑暗之中。

那么，我们要如何面对生命呢？我们无须等到生活完美无瑕，也无须等到一切都平稳时才做，想做什么，现在就可以开始做起。

一个人永远无法预料未来，所以，不要延迟想过的生活，不要吝于表达心中的话，因为，生命只在一瞬间。每个人的生命都有尽头，许多人经常在生命即将结束时，才发现自己还有很多事情没有做，有许多话来不及说，这实在是人生最大的遗憾。别让自己徒留为时已晚的空余恨。逝者不可追，来者犹未卜，最珍贵、最需要实时掌握的当下，往往在这两者蹉跎间，转眼即逝。这也道尽了人生如白驹过隙，转眼即逝的惶恐。有许多事，在我们还不懂得珍惜之前已成憾事，有许多人，在我们还来不及用心之前已成旧人。遗憾的事一再发生，不断追悔早知道如何如何是没有用的，"那时候"已经过去，我们追念的人也已走过了我们的生命。

不管我们是否察觉，生命都一直在前进。人生并未出售返程票，失去的便永远不再回来。将希望寄予"等到空闲的时间才享受"，我们不知道失去了多少可能的幸福。不要再等待有一天"可以松口气"或是"麻烦都过去了"，才去实现我们的目标或理想。

## ◎ 知足的女人常有福

幸福的女人都是知足常乐的人。心态决定了女人的幸福感。

知足心态是众多积极心态中的一个。有知足心态的人，会觉得自己离成功最近，收获的快乐也最多。

不懂得知足的女人永远不知道什么是幸福，因为不知足的女人总是看到自己没有的，却从来不想想自己拥有的。而要求越少、知足常乐的女人更容易拥有幸福生活。因为知足的女人有时间去维护感情，珍惜工作，珍惜家庭，珍惜友谊。

知足的女人是有福的。知足感会让女人的小日子过得简单却有生机，即使不拥有豪华富贵的阔太生活，也会每天都觉得富足。这种富足不仅包括对物质生活的满足，也是精神和心灵上的富有。知足的女人懂得合理取舍，让幸福常伴左右，美满一生。

知足的女人不贪心。女人的幸福感往往比男人少，因为女人比男人更贪心。女人的欲望和追求似乎是无止境的，而来自身边各种各样的诱惑很难让女人的心得以平静，让女人变得不知足。其实要获得幸福，先要懂得知足感恩，只有满足于自己的拥有，珍惜自己的拥有，才能真正体验到幸福感。

知足的女人从不会对生活心存过高的期望，"知足"便不会有非分之想，"常乐"能保持心理平衡。其实，生活中并没有多少永远属于自己的东西。很多东西会在人生旅途中渐行渐远直至消失，比如青春、美貌、名利、财富……当回首岁月时，也许只有知足的心态是最让自己感到欣慰的了。

1. 做个有知足心态的小女人

在生活中，只要女人心存一份爱，时时刻刻都会让人知足。

比如，下班后全家人围坐在餐桌旁，品尝可口的饭菜；妻子一边忙家务，一边看着丈夫和儿女一起幸福地做着亲子游戏；一个人在闲暇时，可以坐在一个自己喜欢的角落看书、写字、记日记；回答儿女总也问不完的问题；陪同丈夫、孩子在幽静的小路上一边散步，一边欣赏着醉人的月光；或者一个人在旅行途中，轻轻地呼吸着花儿的淡淡幽香，听着小鸟飞虫欢快地歌唱。这就是简简单单的幸福，也是人生最大的幸福。拥有这样一种幸福，当面对一切的时候就会淡然处之，知足常乐。

知足的女人不追求大富大贵的生活，拥有一份自由职业就可以获得快乐，和家人和睦相处，平安地生活每一天，拥有一个健康的身体，就是最大的福分。闲暇时分可以找几个闺密一起逛街购物，买几件自己喜欢的衣服和饰物，即使宅在家里也不忘把自己打扮得整洁光鲜。或者没事时上网浏览，和朋友聊天，说说心中的快乐和烦恼，找一本书或网站阅读小文章，在真实而感人的情节里或喜悦或感动。这何尝不是一种幸福？知足的女人会把家里布置得干净整洁，淡雅舒适。炒菜做饭讲究营养搭配，会让丈夫和孩子感到"家"是最温馨的港湾，最舒适的休闲寓所。

2. 知足的女人视情感第一，利益第二

知足的女人不会羡慕别人的丈夫出类拔萃，因为只有适合自己的才是最好的。优秀的男人虽多但不一定适合自己，就像鞋子，穿得舒服与否只有自己知道，不必自寻烦恼。知足的女人不会斤斤计较，不会追问丈夫的行踪，检查丈夫的钱包和手机。让丈夫能感觉到家的温暖和安宁，即使工作再忙，"心"也会惦记着自己的家。

知足的女人也不会羡慕别的女人生活优越，因为拥有荣华富贵的家庭并不一定都会幸福。宁静淡泊、悠闲自在而无忧无虑的生活，何尝不是一种美丽？

知足的女人不会羡慕别人的孩子出色、成绩名列前茅。因为温暖舒适的家庭氛围更适合孩子健康快乐地成长，这要比任何名次都更为重要。

知足的女人对待朋友和邻居，总是那么和蔼可亲，贤惠善良，不计较邻里得失，所以往往口碑最好。

3. 知足的女人不庸俗

做个健康、幸福、快乐的知足女人，何尝不是一种快乐，一种超然，一种满足？用一颗平常的心热爱生活，无欲无求；愉快地接受所拥有的，常怀感恩之心面对周围的一切。

女人要懂得知足，常怀感恩之心，只有这样才不会在岁月里走向庸俗。相由心生，所见皆所想。心中有快乐，所见皆快乐。心中有幸福，所见皆幸福，这才是一个女人应该达到的修养境界。

## ◎ 战胜猜疑、虚荣和忌妒的心魔

俗话说，"女人善变""女人心海底针"，意思是说女人的心思不可捉摸，女人的心态也是阴晴不定。其实，一个人的心态有好的一面，也有不好的一面；有阳光的一面，也有晦暗的一面。女人的心态有随和的、宽容的、乐天知命的、乐观开朗的，也有狭窄的、忌妒的、爱虚荣的、不知足的、抑郁悲观的，等等。好心态可以让女人生活得幸福，不良心态会阻碍女人的幸福。

心理学专家将猜疑、虚荣和忌妒列为女人心态的三大心魔。

多疑的心态常常令女人们缺少安全感，会无事生非，庸人自扰，不仅给别人带来痛苦，也给自己的心灵增加不必要的枷锁。

一个有修养的女人，应该是对自己和别人充满自信和信任的，不怀疑自己，也不怀疑别人，不会用怀疑给自己增加烦恼，也不会用怀疑去破坏人际关系和友谊。

虚荣心会令女人们迷失自我，在一切诱惑面前低头。虚荣心强烈的女人是可怕的，被虚荣心驱使心灵，会让女人的修养和品德渐渐消失，取而代之的是无休止的争夺、攀比，甚至为虚荣心付出惨重的代价。

忌妒心会让女人从可爱变成可憎。如果要做一个有修养的女人，就不应让忌妒占据心灵。忌妒会让彼此友好的朋友变成敌人，常怀忌妒心的女人，人际关系也一定不会和谐。

所以，女人要修养心灵，就先将猜疑、虚荣和忌妒这三大心魔从心中剔除出去，然后让信任、真实、赞赏、友好、善良等这些美好的品质来充实自己，完善自己，这样就会越来越幸福和美好，也更受人欢迎。

1. 女人多疑的心灵处方

有些女人疑心病较重，乃至形成惯性思维，导致心理变态。女人如果心胸过于狭窄，对同事、朋友乃至家人无端猜疑，不但会影响工作、影响人际关系、影响家庭和睦，还会影响自己的心理健康。因此，消除猜疑之心是保持女人心理健康的方法之一。

当女人心生疑虑时，应该首先停止对猜疑的方向思考，更不能轻易地妄自论断。多疑心的女人应理性地问自己：为什么会疑心？为什么要这样想？理由是什么？在做出决定前，多想想以上这些问题，有利于冷静思索，从而打消疑虑的念头。

性情多疑的女人其实是对自己不自信。发现自己的优点，增强自信心，可以减少疑虑，改掉疑心病。每个人都不是完美的，都有自己的优点和不足。不要只看到自己的缺点和别人的优点，多发现自己的优势，不但有助于培养自信心，相信自己有能力给他人一个良好印象，还可以增强人际间的信任。

在人生旅程中，难免遭到别人的议论和流言，不必放在心上，不要在意他人的议论，这样不仅解脱了自己，而且产生的怀疑也会烟消云散。

有些猜疑来源于相互的误解，如果是这种情况的话，就应该通过适当的方式进行沟通和交流。通过谈心，不仅可以使各自的想法为对方所了解，消除误会，而且还能避免因误解而产生的冲突。

2. 女人善妒的心灵处方

忌妒是痛苦的最大制造者，同时也是婚姻的最大破坏者，更是心灵上的一颗毒瘤。

树立正确的价值观。女人的魅力并不是用来和别人进行攀比的，所以女人之间争风吃醋的行为是有失修养的。因此，当发现别人在某一方面超过自己的时候，一定要告诉自己，自己肯定也有某一方面超过对方。用这种办法树立正确的价值观，就会肯定别人的成绩，并且虚心地向对方学习优点和长处。一个心理健康的女人，不应该常怀忌妒心，而是胸怀宽阔，光明磊落，即便看到别人在某些方面超过自己，也不会眼红，只会衷心地表示祝贺。

3. 女人爱虚荣的心灵处方

虚荣心会让女人失掉性格的本真和原有的可爱，有虚荣心的女人会变得急功近利，甚至心态扭曲。有虚荣心的女人在面对自己成绩的时候总是保持一种玄虚的状态，不愿意让别人知道自己的成功，并且担心别人超过自己，从而给自己造成威胁。因此，无论是成功之前还是成功之后，虚荣都会让女人的心灵痛苦，没有幸福可言。

如果想成为一个优雅的女人，就抛弃虚荣心。崇尚高尚的人格可以使虚荣心没有抬头的机会，当然，这需要很长时间的心灵修炼。

克服盲目的攀比心理，不让虚荣心作祟。俗话说："人比人，气死人。"如果经常拿自己的缺点去比较别人的优点，心理永远都无法平衡，而在不停的攀比中会滋生强烈的虚荣心。虚荣心强，心理不平衡，很容易让自己建立起来的优雅风度瞬间尽失。跟别人做比较，不如跟自己做比较。跟自己的过去比，跟自己每一阶段的进步程度做比较，就可以知道是进步还是倒退。在自我比较中，找到自己的价值所在。而要想不因为强烈的虚荣心而使自己饱受身心的折磨，就应该追求真善美，做到知足常乐，以平常心看待一切，这样才能让自己的心境趋于平和。

## ◎ 不抱怨的女人最好命

一个人所具备的心态是积极的还是消极的，往往造成其人生成功或失败的巨大差异。虽然人与人之间的差别不大，但每个人的命运和境遇却可能千差万别。

爱抱怨是一种不良的心态，可是很多女人都爱抱怨。岁月在脸上刻下了皱纹，让女人们感叹青春苦短；在家里操持所有的事情，让女人们感叹生活的劳碌，然后一脸苦楚地向周围人声讨。

女友跟男友抱怨，对自己的爱越来越少；妻子对丈夫抱怨，不顾家、不温柔、不爱整洁、习惯懒惰。在女人的生活中，发几句牢骚本来是一种宣泄情绪的方式，可是如果让抱怨成为生活的常态和固定的模式，就会徒增不少烦恼。

试想一位爱发牢骚、常常抱怨的女主人会对家庭产生怎样的影响？如果男人一回家，听到的是女人的唠叨、埋怨和不高兴的喋喋不休，大多数都会不假思索地逃离。所以，抱怨是幸福的敌人，即便一个男人再爱一个女人，面对女人无休止的抱怨，他也会厌倦的。

很多时候，男人在外面遭受了挫折，回家就会向女人倾诉衷肠，这说明妻子是他最亲密、最信任的人，这时候如果妻子不耐烦、喋喋不休地抱怨自己的苦处，就会让彼此原本沮丧的心情雪上加霜。其实，与其抱怨生活中不如意的地方，不如用充满爱意的眼神表达关怀，或者用一杯热茶去抚慰内心，就可能摆脱烦恼，重新燃起对生命的激情。

幸福的女人不抱怨，不抱怨的女人最好命。

抱怨不如改变，抱怨不如修炼。女人不抱怨，悦人又悦己，心宽路也宽。女人不抱怨，机遇跟着来，成功不会远。

所以，女人永远不要怨恨地声讨"凭什么"，而是用阳光心态拥抱快乐，给生命增添色彩，给自己的内心注入欢喜的力量，学会善待自己，让幸福飞扬起来。

1.不抱怨命运，女人可以做命运的主宰者

面对生活，有很多事情不能如己所愿，别人得到了幸运你却与机会擦肩而过，别人获得了成功你却陷入困境，别人一帆风顺你却遭遇不幸……于是，你感叹生活是如此刻薄，命运是如此不公。

其实，当你有这样感叹的时候，你已经失去了对命运的掌控权。

女人应该做自己命运的主宰者。即使世界总是不公平的，也没必要去抱怨，不必为自己的得失而大喊不公。与其选择牢骚抱怨、自怨自艾，还不如接受现实，尽己所能去改善生活，改变命运。生命中的许多东西是不可以强求的，那些刻意强求的某些东西，也许终生都无法得到，而不曾期待的灿烂往往会在淡泊从容中不期而至。拥有乐观、豁达的个性和精神面貌，凡事往好处想，以积极向上的心态去面对，就会发现生活其实很公平。

2. 不抱怨机遇，幸运垂青勤奋努力的人

也许有时会觉得贫困的生活像枷锁一样困扰着，生活在异国他乡，没有亲朋好友的照顾，无依无靠地打拼。慢慢地这种难熬的苦日子让人不禁牢骚满腹，抱怨不停——抱怨自己不够幸运，抱怨自己能力不足，抱怨父母、老板、朋友甚至上帝。停止你的抱怨吧，让烦躁的心情平静下来。喜欢抱怨的人在世上没有立足之地，烦恼忧愁更是心灵的杀手。

没有人会因为坏脾气和消极负面的心态而获得奖励和提升。要知道，受到机遇和运气眷顾而成功的人，往往是积极进取、乐于助人并靠勤劳和踏实创造幸福的人。所以，抱怨机遇的不公平，不如主动去寻找机遇，抓住机遇，利用机遇改变自己，实现成功。

3. 不抱怨生活，因为不完美才有完善的动力

承认生活不完美的一个好处便是能激励人们去尽己所能让生活更加有滋有味，而不是面对生活中的不完美自我伤感，顾影自怜。要知道，让每件事情完美并不是生活的使命，正是因为有了众多的不完美，才让每个人的生活充满了挑战性。承认不完美，就不必为他人和自己感到遗憾，因为每个人在成长、面对现实、做种

种决定的过程中都有各自不同的能力和难题，因为不完美，才会产生完善自己的动力和愿望。

4.用平常心看待一切

怨天尤人，感叹世事变迁，言谈举止表现出来的都是对生活的厌恶，对人生的绝望，相信没有人愿意与这样的人打交道。女人如果总是不停地抱怨，那么生活必定是无趣的，心情也必定是暗淡的。但是，换一种看问题的方向和角度，凡事以平常心对待，或许就是另一种风景。只要能以平常心面对人生，进而发现生活中的美，人生就有无尽的乐趣。

在生命漫长的旅程中，每个人都会遭遇挫折和困难，但也正是因此，生命才变得更加丰富多彩。没有人希望自己的一生是在平淡无奇、庸庸碌碌中度过，那么当挫折和困难到来的时候，就把它作为点缀生命旅程中的音符，用平常心去看待，一切就会变得简单起来。

## ◎ 女人幸福其实是一种心态

优秀的成功者首要的标志在于他的心态。一个人如果心态积极，乐观地面对人生，自信地接受挑战，勇敢地战胜困难，那么，他就成功了一半。

心态对一个人的人生成败有着关键的影响。而对于女人，是否有一个好心态，决定了她一生的命运和幸福感。

英国哲学家罗素说："幸福的生活在很大程度上，必是一种宁静安逸的生活，因为只有在宁静的气氛中，真正的快乐幸福才能得以存在。"

试问，一个人尽管在外面获得安全，而他的心境常是忧惧恐慌的，其幸福又有几分呢？斯宾诺莎认为：一个人的幸福，即在于他能够保持他自己的存在。费尔巴哈也有类似的论述，他说，生命本身就是幸福。他认为幸福是生活的本性：所有一切属于生活的东西都属于幸福，因为生活和幸福原来就是一个东西。亚里士多德认为美德就是幸福。他说："行为所能达到的全部善的顶点又是什么呢？几乎大多数人都会同意这是幸福；不论是一般大众，还是个别出人头地的人物都说，善的生活，好的行为就是幸福。"

杜威则认为幸福只在于行为的不断成功，而不是道德行为所追求的最终目的。弗洛姆也有类似的看法，他认为幸福是一个人创造性心灵所带来的结果，是个人在思想上、情感上以及行为上的一切创造性活动所带来的喜悦。亚里士多德又认为能用理智来指导生活，就是最高的幸福。他认为，神的活动，那就是最高的幸福，也许只能是思辨活动，而与此同类的人的活动，也就是最大的幸福。卢梭也有类似的看法，认为狂热和激情都是短暂的，只是生命长河中的几个点，不能构成一种境界，幸福是一种境界。爱因斯坦认为，一种实际工作的职业就是一种最大的幸福。池田大作在与基辛格谈论人生时总是说，能够遇上给自己带来最大启发的人，就是人生最大的幸福。

幸福是不让交通、雨水、炎热、寒冷以及不得不排队等候等情况影响我们的心情。幸福是做我们喜欢的事，是喜欢我们所做的事，是生活中有很多希望，是永远祝福别人。幸福首先是个人的决定。每个清晨，当我们醒来的时候，我们都有机会选择让自己幸福还是不幸福地度过难忘的一天，或者只是又过一天而已。

女人要明白，幸福是一种态度。不管是我们面对一项全新的事业，还是面对生活中出现的任何一种新的情况，人生道路上的每一个境遇都给了我们一个积极应对或消极应对的机会。正是我们选择的应对方式，决定了在事情结束后我们所感受到的幸福和不幸福的程度。

女人要懂得，幸福是一种自我感受，一种心理状态，幸福是无形的。尽管劳动成果、艺术享受、爱情、婚姻、家庭、爱好、修养、经历、境遇等都能给人带来幸福感受，但没有一种相应的尺度可以衡量幸福。"物质幸福"是存在的，所以我们在努力建设"物质文明"。但是，纯粹的物质享乐并不等于幸福，物质的多少并不一定带来相应的幸福的大小。金钱是存在的需要，金钱可以买得来刺激，甚而买得来"快乐"，但不一定买得来幸福。有钱难使精神贫乏不幸福的人推动幸福的磨盘。一切的喧嚣浮华至多是表面的快乐，而不是真正的幸福。

追求幸福是女人一生的梦想。但最重要的是，幸福是寻求和体验生活中的平衡。幸福是对生活的方方面面都有一个目标，并保证自己每天都朝着实现这个目标的方向前进。幸福是拥有个人、专业和家庭目标，并让这些目标成为一项行动计划的一部分，努力使我们的生活保持平衡。

女人要明白，幸福更多的时候是一种心境，追求幸福，包含着人们对美好生活的企盼，更寄托着人们对人生境界的追求。

# CHAPTER 4

## 所谓情商高，就要会说话

说话是一个人立身处世不可或缺的基本能力。会说话，是人与人之间建立良好社交关系的基础，也是在工作中提高效率、增强竞争力的关键。有些女人则是天生的社交高手，这不一定是因为她们拥有多么出众的外貌，而是因为她们无论在什么场合，都能妙语连珠，博得满堂彩，从而也为自己增添了人格魅力。

## ◎ 打造你的非凡沟通力

哈佛管理学教授韦恩·佩思所说："沟通是人们和组织得以生存的手段，当人缺乏与生活抗争的能力时，最大的根源往往在于他们经常缺乏适当的信息，不充分吸取组织的信息，除了本身的努力之外，很大程度在于他们是否拥有重要的信息和完成工作的技巧，而这些信息和技能的获得，又取决于在技能学习和信息传递过程中的沟通的质量。"所以，充分有效的沟通，是人与人之间建立良好社交关系的基础和能力，也是一个团队提高效率、增强竞争力的关键。

艾瑞卡是一家房地产公司总裁的公关助理，奉命聘请一位特别著名的园林设计师为本公司的一个大型园林项目做设计顾问。但这位设计师已退休在家多年，且此人性情清高孤傲，一般人很难请得动他。

为了博得老设计师的欢心，艾瑞卡事先做了一番调查，她了解到老设计师平时喜欢作画，便花了几天时间读了几本中国美术方面的书籍。她来到老设计师家中，刚开始，老设计师对她态度很冷淡，艾瑞卡就装作不经意地发现老设计师的画案上放着一幅刚画完的国画，便边欣赏边赞叹道："老先生的这幅丹青，景象新奇，意境宏深，真是好画啊！"一番话使老先生升腾起愉悦感和自豪感。

接着，艾瑞卡又说："老先生，您是八大山人的风格吧？"这样，就进一步激发了老设计师的谈话兴趣。

果然，他的态度转变了，话也多了起来。接着，艾瑞卡对所谈话题着意挖掘，环环相扣，使两人的感情越来越近。

终于，艾瑞卡说服了老设计师，出任其公司的设计顾问。

现代快节奏的工作和生活迫使人们成为高超的沟通者和信息管理者。在工作中，进行充分的沟通能防止误解指令等问题的出现，并且有助于减少时间和精力的浪费，从而提高生产力。在生活中，有效的沟通能够避免产生误解，有助于建立良好的人际关系，增加生活的乐趣。

有研究表明，男女在沟通风格上是存在性别差异的：女性更喜欢用交谈来建立亲和感，男性更喜欢用交谈来提供资讯、展示自己的才能，以此来保持独立性与身份。女性需要情感上的理解，而不仅仅是解决方案。当女性压力过大并与他人分享这种感受的时候，她们所寻求的是他人能够对自己感同身受，并且理解自己的处境。如果她们感到有人仔细倾听，压力就会得到释放。男性喜欢独自解决问题，而女性喜欢与别人讨论解决方案。

女性把分担问题看成是建立并深化关系的一次机会；男性更可能把问题看成是他们必须独立面对的挑战。这些差异所造成的沟通结果是，遇到难题时男性也许会变得沉默寡言。

男性往往说话更直接，更少道歉，而女性则比较谦恭有礼。面对分歧时，女性倾向于调解，男性则变得更强势。男性比女性更感兴趣于吸引他人对自己成就的关注或独享赞誉。

了解这些差异能帮助你理解他人的沟通行为。例如，如果一位男性同事不像你想象的那么有礼貌，要记住那仅仅是性别使然，不要过度针对个人。当女性诉说问题时，她们也许不是在寻找有用的建议，而仅仅是在寻找愿意倾听她诉说的对象，这样她们可以解决情绪方面的问题。

## ◎ 3 项一定要懂的谈吐礼仪

拥有一流口才的人，社交能力和处事能力会更强，更受人欢迎，赢得青睐。女人要在社交舞台上展现自我，就需要有口吐莲花的能力。

好口才是女人社交魅力的标签。每一处的言谈举止和谈吐礼仪都体现着女人的素质以及品格。一个气质出众的女人，不仅要有漂亮的妆容，还要有得体的言行，并能通过言行凸现自己的优点，才能成为社交场上的交际花。

在社会中生存是需要沟通、交流的，人与人之间交流思想，沟通感情最直接、最方便的途径就是语言。语言作为一种艺术，具有巨大的美感与魅力。它能缔造友情、密切亲情、寻觅伴侣、调和关系等，是人际交往中最不可缺少的工具，更是连接人们之间关系的纽带。语言的运用质量，直接决定了人际关系的和谐与否，进而会影响到事业的发展以及人生的幸福。女人们若能拥有卓越的口才、懂得说话的技巧，不仅会拥有一个幸福的家庭，更会拥有美好的前程。

每个女人说话的效果都会千差万别，原因在于说话的方法，说话能力的差异，也就是说话水平的高低。在今天这样的文明信息时代，探讨学问、接洽事务、交际应酬、传递情感等都离不开口才。要想成为一个受欢迎的女人，得会说话、有口才。

成功的女人正是依靠出众的口才而被朋友尊敬，被社会认同，被上司青睐和被下属拥戴的。拥有好口才的女人能就众人熟知的事物提出独到的观点；有广阔的视野，谈论的题材超越自身生活的范畴；充满热情，使人对其所提出的话题感到兴趣盎然；有自己的说话风格……

口才是一个女人的知识、气质、性格乃至思想观念的综合方面的反映。而这些特质，是可以通过后天的训练得来的。只要肯下功夫练习，每个女人都可以成为口才大师、说话高手。一个女人必须不断地加强自身修养，同时拓展眼界和知识，才能进一步使口才成为事业腾飞的羽翼。

社交场上的成功女性，必定会在言谈中闪烁着真知灼见，给人以深邃、精辟、睿智之感，也会给自身带来更多的利益和机遇。

有口才的女人不但要能口吐莲花，受人欢迎，而且要遵守基本的谈吐礼仪。

1.女人要讲谈吐礼仪

谈吐礼仪要求女人在讲话时要用有魅力的声音，给人以美的享受。要使自己说话的声音充满魅力，这需要每天不断地练习。首先，在与人谈话时，音量要大小适中，语调柔和，避免粗厉尖硬的语气。其次，讲话速度要快慢适中，给他人留下稳健的印象，也给自己留下思考的余地。

注意音调的高低起伏、抑扬顿挫，可以增强讲话效果。在说话时要吐字清晰，声音响亮圆润，避免含糊其词和咬舌的习惯。练习让自己的嗓音更甜美，更标准，自然地表达丰富的思想感情。

2.谈吐文雅

谈话文明礼貌的基本原则是尊重对方和自我谦让。谈话中要给对方认真、和蔼、诚恳的印象，如果心不在焉就是失礼，会引起别人的反感。

在谈话中不要流露出对别人轻视和傲慢的姿态，即使自己有比别人优越的方面。只有由衷地真诚地对人尊重，才能在语气上表现出恭敬之情。只有用语言表达相互尊重，才会更好地与人和睦相处。

3. 多使用礼貌用语

谈话中对他人多使用敬语、敬辞，对自己用谦语谦词，会分外显得有礼貌，有修养。女人说话应该是文雅的，而不是粗俗的。在一些正规的场合以及有长辈或女性在场的情况下，谈吐文雅能体现出女人的文化素养。言谈举止彬彬有礼，人们就会对良好的个人修养留下深刻的印象。比如，在待人接物中，可以多说"请""谢谢""慢走""您好"等礼貌用语。

在不同的场合以及不同的人面前应正确运用礼貌用语。如在陌生人、长者、上级与朋友、熟人面前，讲话时的神态表情、声调、措辞等都要有所不同，恰当地运用会给人们的交往带来方便。陌生人初次相识，说声："您好，很高兴认识您。"彼此关系很快能融洽起来。日常的问候有助于增进人与人之间的感情。

## ◎ 能打动人心，必有技巧

无论是在工作中，还是在生活中，我们都离不开与人沟通。但是，想要达到理想的沟通效果，要讲究正确的方式。许多女人不明白，恋爱时，为博美人一笑，男人的话多得如滔滔江水，而到了结婚后，回到家里，你想找他聊天，他说累了；你和他说点家里的事，他敷衍了事；甚至你冲着他大吼，他也依然我行我素。男人关上了嘴巴的门，这时女人就要开启一扇心灵对话的窗。

交流永远是要双方互动的，如果只有一个人说话，永远都算不上是交流，更谈不上是有意义的交流。所以，有效地互动，你一言我一语才是交流成功的前提。女人，如果想在交流沟通的过程中与老公实现有效的互动，需要懂得用各种不同的方式，方能打开他的话匣子。

如果既要让老公开口，又想自己掌握和控制谈话，那么你就要学会提问。有效的提问可以促进交谈，使夫妻间的表达更加顺畅。一个得体恰当的提问往往能引起老公积极的回应和愉悦的情绪。不过，别小看了提问，我们当中很多人其实并不懂得如何开启话题。

陈璐生了孩子后就做了全职太太，一心一意在家里相夫教子。每天老公下班回来，为了表示对老公的关心，她都会关切地问一句："今天怎么样啊？"

老公会冷淡地回应一句："还行。"

接下来，两个人似乎都失去了表达的欲望。

这样的问题太宽泛了，老公似乎只能回答简单的两个字或一句话，两个人没有形成有效的互动。而且，"今天怎么样"这样的问题听上去就像是随口问问，不是真的想了解什么情况，所以回答也往往是敷衍。让老公每天都要回答这样的问题，他一定会感到厌烦。

如果陈璐换个方式来做，效果就会好很多：

陈璐可以读读报纸，看看新闻，然后在老公休息的时候就他比较熟悉的话题提出一些具体和开放式的问题。

采取这个方案之后，陈璐果然不再向老公提出诸如"怎么样"之类的问题，而是和老公谈起了自己小时候爱吃的零食，而这些零食现在已经销声匿迹了。陈璐的回忆也勾起了老公的无限怀念，两个人你一言我一语地谈了很久，都非常开心。最后，老公还轻轻吻了陈璐一下，跟她说："老婆，你今天真迷人！"

还有一个例子：

何洁为了跟老公庆祝第一个结婚纪念日，想表现得有主见，所以当老公想去餐馆吃饭时，她马上提议："我觉得去那家韩国料理就挺好的，是吧？"

"……好吧。"

何洁提出的是一个典型的带有引导性的问题，对方似乎只能同意她，而不是跟她商量。这样的例子还有："每天晚上看两个小时电视就够了，你说呢？""已经很晚了，你就不要出去了。怎么样？"

假如何洁意识到自己的控制欲，她可以这样改正：

"我喜欢吃烧烤，你喜欢吃涮肉，要不我们这次先听你的？下次再听我的？"

老公闻此，肯定会高兴地赶紧说："不用啦。这次就满足你的愿望吧。"

这些例子生动地告诉我们，交流要掌握分寸和技巧，不合时宜的提问会引起对方的厌烦；不合适的问题也会招致老公心底的抵触，甚至反感。会说话的女人就像是一个会打乒乓球的人，一定要把球打出去还要让对方接得到，这样一来一往，才能够算得上是真正的交流。

## ◎ 人人都喜欢被赞美

心理学家认为，赞美是一种有效的交往技巧，能有效地缩短人际心理距离。莎士比亚曾经说过这样一句话："赞美是照在人心灵上的阳光。没有阳光，我们就不能生长。"所以，在人与人的交往中，适当地赞美对方，会增强和谐、温暖和美好的感情。

每天抱着宝宝出去玩耍，女人们都喜欢把宝宝打扮得漂漂亮亮的。邻居们也好，陌生人也好，见到宝宝的第一眼就会惊呼："睫毛好长！像妈妈。"听到这些话，女人心里已经升腾起一种自豪感。接着别人就会称赞宝宝的皮肤、宝宝的帽子、宝宝的性格，女人的心里自然会得意万分。

节日过后，热闹的办公室人来人往，大家都在相互寒暄，祝贺着节日的快乐，当然不乏赞美之词，这温暖的赞美如同绿草，带给办公室一种春天的感觉。同事们发觉大家的心情都开始好转了，精神觉得非常放松，心情非常愉快！其实，这正是相互赞美的魅力之所在。

沉闷的办公室，充满了文件和繁杂的公务，有一天，我们发现曾经让我们热爱和感兴趣的工作，不知不觉中变得让我们失去了热情，当面临越来越大的工作压力时，情绪会变得焦虑和抑郁，人会变得烦躁，经常想些不愉快的事情，对能完成的简单工作也会觉得复杂和难度增大。而在这个时候，我们内心深处会涌起一种热望，即渴望被关心和赞美。

回忆我们自己的成长经历，谁没有热切地渴望过他人的赞美？既然渴望赞美是人的一种天性，那我们在生活中就应学习和掌握好这一生活智慧。

　　赞美是发自人内心深处的对他人的欣赏回馈给对方的过程，赞美是对他人的关爱的表示，是人际关系之中一种良好的互动过程。当内心中充满了对他人的爱护时，赞美就会油然而生。当我们能够体验到来自内心深处对他人真诚的关爱时，我们对他人的赞美就会显得恰如其分，自然而然。

　　那么，怎样赞美别人才是合适的呢?

　　1. 赞美之词要实事求是

　　在和人交往的过程中，适当地赞美别人是有礼貌、有教养的表现，不仅可以获得好人缘，而且还可以使双方在心理和情感上靠拢，缩短彼此之间的距离。因为这些适当的赞扬，常常会由此提高了他人的尊严，更有利于改善自己的人际关系。

　　"你要别人具有怎样的优点，你就要怎样地去赞美他。"实事求是而不夸张的赞美，真诚而不虚伪的赞美，会使对方的行为更增加一种规范。同时，为了不辜负你的赞扬，他会在受到赞扬的这些方面全力以赴。赞美具有一种不可思议的推动力量，对他人的真诚赞美，就像荒漠中的甘泉一样让人心灵滋润。

　　在你想赞美一个人的时候，随口称赞是不好的，一定要表现出一种足以使对方认为"称赞得有理"的热诚，而且所称赞的一定是一个无可争议的事实。不管称赞别人什么品质，都要实事求是，而不是挖空心思揣测。如果你想赞美一个人而又实在找不出他有什么值得赞扬的地方，那么，你可赞美他的家庭、他的工作或和他有关的一些事物。

　　在平时生活中，不伤体面的事我们不妨迁就别人，但涉及问题的本质时，该拒绝就拒绝，该同意就同意，这在与人交往的过程中十分重要。不然的话，若是一味地恭维，那么，我们迟早会在人们之间的正常交往中失去地位，成为人们眼中拍马奉承的人。

2. 赞扬的话要恰到好处

人们更喜欢被取悦，而不是被激怒；喜欢听到褒奖，而不是被对方恶言相向；更乐意被喜爱，而不是被憎恨。因此，仔细地加以观察，就能投其所好，避其所恶。

赞扬别人要恰到好处，很多人都不太了解这其中的学问。这是因为你还不是十分了解人们多么希望自己的想法及喜好能获得支持，特别是企望明明是错误的想法，甚至是自己的小缺点，能得到他人的谅解与认同。

如果我们只考虑自我的想法便对他人的习惯及服装等方面挑毛病，必然会对他人造成伤害；反之，若能加以认同，别人则会感到无限的欣喜。

为了使对方高兴，你可以在褒奖办法上略施技巧，那就是在背地里夸赞对方。当然，若你只是在暗地里称赞对方但他却一无所知，那就一点意义也没有了，你要想办法将你的夸赞通过巧妙的方式确实地传达到对方的耳朵里。

在这里要注意，慎选传达信息的人很重要，你所挑选的人最好是通过传递此一信息也能获益的人。如果你选有此企图的人做信使，他不仅会确实地传达你的信息，还有可能更加渲染几笔，更加突出你赞语的效果。

3. 真诚的赞美有奇效

有一个喜剧演员做了这样一个梦：自己在一个座无虚席的剧院给众多的观众表演、讲笑话、唱歌，可全场竟没有一个人发出会意的笑声和鼓掌。"即使一个星期能赚上10万美元，"他说，"这种生活也如同下地狱一般。"

　　事实上，不只是演员需要掌声。如果没有赞扬和鼓励，任何人都会丧失自信。可以这样说：我们大家都有一种双重需要，即被别人称赞和去称赞别人。真诚的赞美会触动每个人。

　　这里要记住的是，虚伪地赞扬别人是不行的。比如你看到一个并不帅气的男孩，不能称赞他太英俊。因为这样，他会觉得你是在故意戏弄他或是你太虚伪。这所起的效果实在太糟糕了。其实你不一定要称赞他帅气，你可以改为称赞他才华或有某种特长也是可以的。

　　仔细观察、细心体会并敏锐地抓住他人喜爱的话题。通常，自己想要被称赞、希望被认定为优秀的地方，往往会出现在最常见的话题里。也就是说别人乐此不疲经常提到的话题，或经常展现的学识便是他自以为优越的地方，只要抓住这一点，就能一举制胜。

　　真诚地赞美别人，能帮助我们消除在与人交往中产生的种种摩擦和不快，这一点在家庭生活中体现得最为明显。妻子或丈夫如能经常适时地讲些使对方感到高兴的话，那就等于取得了最好的结婚保险。

　　孩子们总是特别渴望得到别人的肯定，一个孩子如果在童年时代缺少家长善意的赞扬，那就可能影响其个性的发展。

　　在现实生活中，有相当多的人不习惯赞美别人，或得不到他人的赞美，从而使生活缺乏许多美的愉快情绪体验，这不能不说是人生的遗憾。女人，学会赞扬，在给别人一份真诚和温暖的同时，也给自己一份心灵的愉快体验。

## ◎ 委婉迂回是女人的沟通智慧

懂得如何使用迂回表达，这是女人在沟通方面最智慧的一个表现。但凡高情商的女人无不懂得运用这一沟通法宝。

美国经济危机期间，约翰的家像许多家庭一样陷入了贫困之中。约翰是家中最小的孩子，他的衣服和鞋都是哥哥姐姐们穿小了的，传到他这里，已经破烂不堪。

一天早上，他的妈妈递给他一双鞋，鞋子是褐色的，脚趾部分非常尖，鞋跟比较高，很显然是一双女式鞋。他虽然感到很委屈，但是他知道家里确实没有钱给他买新的鞋子。

快走到学校的时候，他低着头，生怕遇到自己的同学，笑话自己。可是，突然，他的胳膊被一个同学抓住了，只听对方大声喊道："哎！快来看哪！约翰穿的是女孩子的鞋！约翰穿的是女孩子的鞋！"约翰的脸唰一下就红了，他感到既愤怒，又委屈。

就在这时，杰瑞丝老师来了，大家才一哄而散，约翰也乘机回了教室。

上午是杰瑞丝老师的课，她问大家想不想听有关牛仔的生活和印第安人的故事，大家都说想听。于是，杰瑞丝老师给大家讲起了有关牛仔的生活和印第安人的故事，大家听得津津有味。杰瑞丝老师有个习惯，就是边走边讲。

当她走到约翰的座位旁边，她嘴里仍旧不停地说着。突然，她停了下来。约翰抬起头，发现她正在目不转睛地注视着自己的那双鞋，他一下子又感到无地自容。

"牛仔鞋！"杰瑞丝老师惊奇地叫道，"哎呀！约翰，这双鞋你究竟是从哪里弄到的？"

她的话音刚落，同学们立刻蜂拥了过来，他们羡慕的眼神让约翰快乐得近乎眩晕。同学们排着队，纷纷要求穿一穿他的"牛仔鞋"，包括先前嘲笑他最厉害的那位同学。杰瑞丝老师没有直接对嘲笑约翰的那位同学说："你错了。"因为那样会让约翰更没面子，她采取了一个特殊的方式，保全了约翰的面子。

在日常交往中，当双方在某个问题上争执不下时，谁懂得迂回表达，谁获得成功的可能性就越大。

一位女销售员正接待一位年近花甲的老人。老人选好了两把牙刷，由于销售员忙着去接待另一位顾客，老人道声谢后抬脚就走了。这时女销售员才想到钱还没收。

女销售员一看，老人离柜台不远，便略提高声音，十分亲切地说："太太——你看——"老人以为什么东西忘在柜台上了，便走了回来。女销售员举着手里的包装纸，说："太太，真对不起，你看，我忘记给你的牙刷包上了，让你这么拿着，容易落上灰尘，多不卫生呀，这是入口的东西。"

说着，接过老人的牙刷，熟练地包装起来，边包边说："太太，这牙刷，每支 5 美分，两支共 10 美分。"

"哎，你看看，我忘记给钱了，真对不起！"

"太太，我妈也有您这么大年纪了，她也什么都好忘！"

这个女销售员用了一个小小的"迂回术"，很自然地把老人请了回来，又很自然地把谈话引到牙刷的价格上，这样一点拨，老人也就马上意识到了。

整个谈话中，这位销售员没有一个发难的词，没有一句说及钱未付，启发得十分自然，引导得十分巧妙。

## ◎ 以恰当的方式表达自己的感受

心理学家通过对众多男女生活情况的调查咨询，结果表明：男人要先沟通，才会有好的感觉，而女人要先有好的感觉，才愿意沟通。

在男女相处过程中，男人认为有不满就要说出来，对方才能知道，不必猜来猜去；而如果不把不满说出来，对方便无从改善，所以表达不满是为了点醒对方、解决问题，是一种善意沟通的桥梁。

女人是不习惯有什么不满就发泄出来的，往往为了不想破坏感觉与关系，多半会先采容忍的态度。女人也不习惯用言语来表达情绪的，女人认为如果男人真的在乎，就不会一点都察觉不出女人的不满情绪，即使没说出来也该知道；但如果男人不够用心，说出来有可能就有危机。

思思和老公结婚时，两人都快 30 了，各人的生活习惯都已基本形成。他最大的特点就是喜欢和朋友三天一小聚，五天一大聚，有几天不聚就不舒服。结婚后没多久，他就嫌两人你看着我，我看着你没劲，晚上下班不回家，经常往他那帮哥们那儿跑了，有时候夜里一二点才回来。

思思忍无可忍就和他大吵。越吵他就越不爱回来，有时候干脆就在他哥们儿那睡了。思思被他气得觉也睡不好，饭也吃不下。他又没别的毛病，总不能刚结婚就为这件事离婚吧？

一位朋友建议思思去看看心理医生。思思心想，心理医生还能治夫妻不和？反正也没别的办法，她真的就找心理医生去了。

医生给了思思一个建议：当他再晚回来时，你不要跟他吵了，要给他准备好洗漱用品，做一点消夜，并留一张字条，让他吃点东西，洗洗再睡，免得第二天没精神上班。

天啊，这是什么建议？这也太低声下气了，凭什么他回来晚了，我还要这样对他？医生说："凭什么？你不是想让他少出去吗？你先试一试吧。"

回家后，思思强压怒火，按照医生说的做了。第二天起床后，老公十分不好意思地对思思说："真对不起，以后我尽量不那么晚回来了。"思思心里暗暗高兴。从此以后她的老公的确没有再那么晚回来过。

夫妻沟通最大的障碍在于语言不同，又不肯屈就对方的语言，结果是连沟通的意愿也没有了。

男人常把女人的抱怨当"故障报修"来排除，女人则常把男人的抱怨当"移情别恋"来象征。

男人总把女人的抱怨当作是对自己缺点的不满，以为只要将这些缺点改掉，就可以解决问题，关系也就可不受影响。女人常把男人的抱怨当作是"不再爱我"的象征，然后便开始怀疑是否"魅力不再"，或怀疑对方是否有了新欢。

男人的无知在于以为行为的改正可以挽回女人受创的感觉，其实抚平伤口最有效的方法是创造一个甜蜜的感动，而不是发誓"下不为例"。而女人的天真在于以为把自己打扮得像个野花，就可以让男人不会去摘野花，其实有时男人的喜新厌旧不是真想另起炉灶，而是想证明自己还有人要……此时，越是一哭二闹，往往就越容易适得其反。

茉莉发现丈夫阿德对自己越来越不够重视了，白天他忙着工作，晚上忙着应酬，跟自己说话的时间越来越少，也没有时间关心孩子了。有一些事情，茉莉一直想和阿德商量。

一天晚饭后，茉莉问阿德："晚上准备做什么呢？"

"看电视呀，新闻时间马上就到了。"

"看完电视以后呢？做什么？"

"嗯，我想想，对了，八点半约了一个老朋友，我想和她聊聊近期股票投资的事。"

"然后呢？"茉莉问。

"没有了。"

"那当你办完这些事之后，能不能帮我做点儿事呢？"

"好啊，什么事？"阿德答。

"陪我聊一会儿，我想跟你分享一下近期孩子的成长和进步。"

阿德听茉莉这样一说，立刻反省到自己的错误。他赶紧向茉莉道歉，说自己最近对家里关心不够。

茉莉先耐住性子，等对方把缺陷充分表现出来之后，才以委婉的口气将事实列举出来，使之与缺陷相对照，产生强烈的反差，从而造成既好笑又有责备意味的幽默效果，使对方听后不觉刺耳。这样的讲话技巧，难道不比抱怨更好吗？

男人和女人天生在感情世界的行为模式就是不同的。当男人在婚后将热情冷却、由浪漫转为理性生活的同时，女人却才开始打开心门准备享受浪漫……

除非这辈子你都不再相信婚姻，否则与其去等待上帝会带给你奇迹，还不如学会认识与你的他真正的沟通方法吧。

## ◎ 说话幽默的女人更有情趣

高情商女人将幽默作为与人沟通的一种特殊的力量，她们认为，说话幽默的人是有情趣的人，说话幽默的女人看上去会更可爱。一个有幽默感的人是有魅力的，会利用幽默的艺术润滑和缓解矛盾，调节人际关系，给众人带来欢乐。人们都喜欢与有幽默感的人一起交往，因为幽默可以使人更轻松更亲近。如果女人说话时能带点幽默，就能更好地赢得他人的赞赏。幽默的女人一定是众人的开心果。

恩格斯曾经说过："幽默是具有智慧、教养和道德的优越感的表现。"幽默不仅能给周围的人以欢乐和愉快，同时也可以提高个人的语言魅力，为谈话锦上添花。幽默用于批评，在笑声中擦亮人们的眼睛；幽默用于讽刺，在笑声中敲响生活的警钟；幽默用于交流，在笑声中改变人们的情绪和心态；幽默平息矛盾，在笑声中显出人们的洒脱。

女人的幽默能显示出女性的风度、素养和魅力，能让人在轻松活泼的气氛中增加彼此的感情。友善的幽默能表达人与人之间的真诚友爱，能沟通心灵，拉近人与人之间的距离，填平人与人之间的鸿沟。当一个女人和他人关系紧张时，如果用幽默来代替不快，可以迅速地摆脱窘境，而矛盾也烟消云散。

一个善于表达的女人，说话总具有幽默风趣的特征。而幽默的女人一定是快乐的。当一个女人言谈风趣时，别人也会被一同带入愉悦的氛围，因此，懂幽默的女人会拥有良好的人际关系。

幽默是一种健康语言，也是一种口才表达技巧。那么，怎样才能学会说话幽默呢？

1.幽默的女人不会让自己陷入尴尬境地

幽默的女人是可爱的，尽管说的话让人感到如憨似傻，却是心境豁达的体现。幽默的女人是智慧的，善于使用幽默的女人，常常能将窘迫的情境化为无形。事实上，当交流陷入尴尬的境地时，一些幽默技巧的运用，可以达到圆场的目的。

比如以下一例：

女翻译与士兵们一起开庆功会，在与一个士兵碰杯时，士兵由于过于紧张，将一杯酒洒到了女翻译的头上。士兵当时吓坏了，可女翻译却用手擦擦头顶的酒笑着说："小伙子，你以为用酒能滋养我的头发吗？我可没听说过这个偏方呀！"说得大家哈哈大笑，也让这个士兵对女翻译充满了感激和崇拜。

用幽默的方式委婉地指出错误，既没有取笑和批评的意思，也没有伤及他人的自尊。用幽默在帮助别人摆脱难堪的同时，也给自己一个台阶下。所以，这个时候，人们称赞的往往不是你的语言功夫，而是你的人品。

2.适当的幽默能帮助女人与他人建立和谐的关系，赢得别人的信任和喜爱

会说笑逗大家开心的女人，去哪儿都占上风。人人都喜爱开心果，不喜欢愁眉苦脸的人。所以幽默的女人总是把欢笑带给众人，当然赢得人们的欢迎。

一个女人无论从事什么工作，无论处在何种地位，与人交往是不可避免的。幽默不仅能帮女性更好地与他人进行有效的沟通，还能帮助她们处理一些特殊的人际关系问题。

在人际交往中，女人擅用幽默，可以松弛神经，活跃气氛，营造出一个适于交际的轻松愉快的氛围，因而幽默的女人常常受到人们的欢迎与喜爱。

# ◎ 无声胜有声的身体语言

言语在人际交往中的重要性是不言而喻的，所以交谈是一门艺术。但是在人际交往中仅仅重视语言交际是不够的，人们往往还习惯用身体各部分的动作来传达意思，这就是身体语言。比如借助手势来加强语气，用眼神和动作来表达自己的意思，这些身体语言的运用极大地丰富了言语交际，使交际变得深刻而含蓄，丰富而多彩。在某种情况下，身体语言甚至可以起到"无声胜有声"的效果。

成功的社交口才，既要有动人的谈吐，又要有得体的表情动作，

方可趋于完美。语言较多地显示着内在的思想和智慧，举止则更多地显露着外在的风度和形象。恰当地调动姿势和动作来帮助自己说话，会使你的表达更加富有魅力。身体语言能弥补有声语言的不足，它通过有形可视的、具有丰富表现力的各种动作和表情，协助有声语言将内容准确无误地表达出来。视、听作用双管齐下，能给听者完整、确切的印象，辅助有声语言更好地表情达意。

在日常生活中，你的举手投足，一颦一笑，无不传递着大量的信息，显露出主体的思想感情、爱憎好恶和文化修养。身体语言的设计和运用能使谈话声情并茂、形神皆备，使谈话者风度翩翩、仪态万方。

作为女人的你可能不知道，身体离头脑愈远的部分，愈能诚实反映人的心声。那么该如何利用自己的身体语言呢？

1.你会坐吗

除了演说之外，说话时多半是坐着的。关于坐有多种不同方式，有的人喜欢坐在中间，让大家围坐在自己身边；有的人喜欢坐在会场的角落，不让别人注意到自己。其实，最好的座位是面对听众，让大家清清楚楚地看见自己。坐的时候，姿势要自然，而且保持端正，切不可斜靠在椅背，或者盘腿，或者把手臂搁在椅背上，这样都会引人轻视，这些都必须时时注意。

2.不可忽略的腿

不论坐着站着，腿部常常呈现出这样三种姿势：两腿分开、两腿并拢和两腿交叉。两腿分开是一种开放型姿势，显出稳定、自信，并有接受对方的倾向；两腿并拢的姿势则过于正经、严肃；两腿交叉是一种防御性姿势，往往显得害羞、忸怩、胆怯，或者随便散漫。

还有一种架腿的姿势，就是常说的跷二郎腿。架腿姿势通常是控制消极情绪的人体信号，专家们说它"颇有不拘礼节的意味"，对于女性来说，这是一种不可取的姿势。

说话时，最好采取两腿分开的姿势。站立时，两腿张开，两脚平稳着地呈"丁"字形或平行相对，或一前一后，躯干伸直，不要屈膝和弯腰弓背，否则显得消极懒散，无精打采。坐宜端坐，即两腿稍稍分开，间距不超过肩宽，女性更要注意不过分叉开，腰板轻松地挺直，这样显得自然、从容，情绪饱满。

3. 举放自如的手臂

当发表意见时，如何安放双手是特别值得留心的。最好是把它们忘掉，让它们自然垂直在身体的两边。不过万一你觉得它们讨厌而累赘，插在衣袋里或是放在背后也可以。总之，能让你的情绪平和就可以了，不要过多注意它们是否有碍，更不必顾虑听众会留意你的手的位置。

如果在说话时将注意力集中于真情的流露，两手就会成为你表达意思的工具，会帮助你说话。在需要时，它们会自然地举起来或放下去。不过，千万不要故意把手交叉在胸前，更不可勉强扶在讲桌上，这样就会使你的身体不能自由活动。

4. 传情达意的表情

表情，即面部表情，主要是脸部各部位对情感体验的反应动作。它与说话内容的配合最便当，因而使用频率比手势高得多。

人的各种复杂心理活动常易在面部呈现出来，"面部是思想的荧光屏"，这是对面部表情的形象形容。美国心理学家梅拉比安曾对一个信息的总效应进行了分析，总结出了以下公式：一个信息的总效应 = 7%的词语 + 38%的语调 + 55%的面部表情。

常用面部表情的含义有：点头表示同意，摇头表示否定；昂首表示骄傲，低头表示屈服；垂头表示沮丧，侧首表示不服；咬唇表示坚决，撇嘴表示藐视；鼻孔张大表示愤怒，鼻孔朝人表示轻蔑；嘴角向上表示愉快，嘴角向下表示敌意；张嘴露齿表示高兴，咬牙切齿表示愤怒；神色飞扬表示得意，目瞪口呆表示惊讶，等等。

号称美国"酒店之王"的希尔顿，其成功秘诀之一就在于服务人员微笑的魅力，"今天你对客人微笑了没有"这一句话已经成为酒店管理中的名言，正是微笑征服了客人。

5. 会说话的眼睛

人们用身体各部分的动作来表达丰富的感情，眼睛是其中最重要的一种，有时甚至可以成为主要的信息来源。

以品尝食物为例，我们不仅仅只靠味觉，而是会同时注重食物的色香，以及装盛方式或排列方法等，这些都是视觉影响心理的现象。

假使我们在阴暗的房间里用餐，即使知道那是美味佳肴，也会产生不安的感觉，使我们无心品尝，甚而胃口大减。反之，在整洁、明亮、灯光柔和、食物装盛器皿精致的餐厅用餐，就会使人产生良好的就餐情绪。

可见，视觉位居"五官之王"，足以支配其他的感官。的确，从医学角度看，眼睛是人类五官中最灵敏的，其感觉领域几乎涵盖了所有感觉的70%以上。

交谈时，要敢于和善于同别人进行目光接触，这既是一种礼貌，又能帮助维持一种联系，谈话在频频的目光交流中可以持续不断。更重要的是眼睛能帮你说话。

交谈中不愿进行目光交流的人，往往让人觉得是在企图掩饰什么或心中隐藏着什么事；眼神闪烁不定则显得精神上不稳定或性格上不诚实；如果几乎不看对方，那是怯懦和缺乏自信心的表现，这些都会妨碍交谈。当然，和别人进行目光交流并不意味着一直盯着对方。

哈佛大学研究表明，交谈时，目光接触对方脸部的时间宜占全部谈话时间的30%～60%，超过这一界限，就会认为对对方本人比对谈话内容更感兴趣；低于这一界限，则表示对谈话内容和对方都不怎么感兴趣。这在一般情况下都是失礼的行为。

6. 丰富的手势语

手势语几乎时时伴随着言语交际，忠实地充当着言语的"帮工"，有时甚至"喧宾夺主"，一马当先，独立地在言语交际中"冲锋陷阵"，所以说手是人的第二张脸。

当你与人握手、手持酒杯或一边谈话一边做手势时，可曾注意到你或者别人的内心秘密正通过双手暴露出来。人们有沉默不语的时候，但却很少见到手部完全僵直不动的情景。弗洛伊德说："没有一个凡夫能守秘密。"这就是说，一个人尽管能很好地控制语言，面部表情也显得若无其事，但他的一些下意识的姿势动作会把心中的秘密暴露出来。

例如，你为了找个合适的工作，正在接受面试，若招聘官说话做手势时是手掌伸开，手心向上，那么他可能是个直爽诚实的人，此时，你若根据他的手势来相应交换自己的手势，你们之间即可进行顺利交谈，而且会给他留下良好的印象。

如果这位招聘官一边说话，一边用手指着你，那么这个人可能相当自负，与这种人说话，你最好双手合十，手指顶着下巴，并以坚定的目光看着对方，这是向他表明你是不怕压力的。如果这位招聘官谈话时单手握拳向上，做出似乎在"宣誓"的样子，你可得当心，因为他是试图给人一种印象，好像他是个"非常诚实"的人，但实际往往相反。

手势传达的信息是双向的，因此你在谈话时也要注意自己的动作：不要两手相握，也不要捏弄拇指，坐立不安地玩着钥匙……这些动作表明你缺乏自信，过分紧张。最好的办法是稳稳地坐在那儿，把手随便地放在自己的大腿上，这样会给人一种镇静自若、轻松自如的气氛。而双臂交叉放在胸前则形成一道屏障，是"防御"信号。

双臂抱在胸前，身体靠在椅背，是以懒散表示消极、漠然的态度。如果双臂放在背后，昂首挺胸，是向人表示自信和权威。

7. 身体前倾

善于讲究身体的方向。与人说话时，身体的方向要正面对着对方，上身微微向对方倾斜，以显示对方的吸引力。在同人交谈中，如果把身体的侧面或背面对着对方，只把脸转过去，那是一种不尊重对方的肢体语言，千万要注意避免，否则就容易被人误解为傲慢无礼。

身体语言在说话过程中具有特殊的表达功能。但它毕竟只是完成表达任务的手段，而不是说话所追求的最终目标。对于口才来说，身体语言并没有独立价值，而只有辅助价值，在谈话过程中处于从属地位。

正是这种从属地位，决定了身体语言的设计和运用，必须由表达的内容、情绪和对象等因素的特点来决定。

比如人体的动作如能保持久一点，会给人端庄、稳重的感觉。稳重可以让人感到安定、平和、舒适和愉快；反之会让人感到不安、激动、焦虑和难受。说话时适当的动作有助于语言的表达，但是多余的重复的琐碎的动作会使人感到说话者的不安和急躁。

　　在人际交流中，身体语言是交往的一种技能，与人的行为密切相关。要建立良好的人际关系，就应当努力去调整自己的行为，以良好的行为使对方做出良好的反应，这样才有利于确立良好的关系。

# CHAPTER 5

## 女人处世不要太单纯

做一个单纯的女人本身不是错，但是要学会保护自己的尊严！如果不想在这个社会中处处碰壁，你就必须改变自己的天真，懂得一些人情世故，努力让自己适应世俗生活，与尘世间的一切友好相处。

## ◎ 按照你喜欢的方式生活

高情商女人从来不去模仿别人的生活方式，而是按照自己的方式生活，无拘无束。

你或许也幻想过这样一番情景：你能够拥有一个这样的空间，你是那里的主人，你选择自己喜欢的方式生活。那里没有纷争，没有哀伤，你的方式可以给亲人和朋友提供快乐；你伤心的时候可以大声地哭，快乐的时候可以大声地笑，这便是自由。追求自己的生活方式的本质就是追求人生的自由。

纽约市一所中学为了给贫困学生募捐，决定排演一出名为《圣诞前夜》的话剧。9岁的凯瑟琳很幸运地被老师选中扮演剧中的公主。接连几周，母亲都煞费苦心地跟她一道练习台词。可是，无论她在家里表现得多么自如，一站到舞台上，她头脑里的词句就全都没了影踪。最后，老师只好让别人替换了她。老师告诉凯瑟琳，她为这出戏补写了一个道白者的角色，请凯瑟琳调换一下角色。虽然她的语气挺亲切委婉，但还是深深地刺痛了凯瑟琳——尤其是看到自己的角色让给另一个女孩的时候。

那天凯瑟琳回家吃午饭时，没把发生的事情告诉母亲。然而，细心的母亲却察觉到她的不安，母亲没有再提议练台词，而是问她是否想到院子里走走。

那是一个明媚的春日，棚架上的蔷薇藤正泛出亮丽的新绿，凯瑟琳无意中瞥见母亲在一棵蒲公英前弯下腰。

"我想我得把这些杂草统统拔掉，"她说着，用力将它们连根拔起，"从现在起，咱们这庭园里就只有蔷薇了。"

"可我喜欢蒲公英，"凯瑟琳抗议道，"所有的花儿都是美丽的，哪怕是蒲公英！"

母亲微笑着打量着她，"对呀，每一朵花儿都以自己的风姿给人愉悦，不是吗？"

凯瑟琳点点头，高兴自己战胜了母亲。

"对所有人来说也是如此，"母亲又补充道，"不可能人人都当公主，当不了公主并不值得羞愧。"

凯瑟琳想母亲猜到了自己的痛苦，她一边告诉母亲发生了什么事，一边失声哭泣起来。母亲听后释然一笑。

"但是，你将成为一个出色的道白者，"母亲说，"道白者的角色跟公主的角色一样重要。"

按自己的方式生活，首先就是对自己的肯定，无论别人在说什么，相信自己的选择是对的；再者就是对自由的追求，不能因为外物而束缚了人生的飞翔，按照自己的方式飞，才能飞得更高、更远、更快乐。

所以说，生活方式没有卑贱之分，适合自己的，能让自己快乐的才是最好的。归根结底，生活就是人的存在形式，生活方式便是人的生活习惯。我们不能因为个人好恶而把某些生活方式抬得过高，而对另一些，则过于贬低。人和人是不同的，所以各自选择的生活方式也应该是不同的。我们应该对别人的生活方式给予一定的尊重，这样也保证了我们自己可以自由地选择自己喜欢的生活方式，而不用背负那么沉重的心理负担。

　　人有时候总是强迫自己随着别人的看法而改变，却恰恰丢失了自己最为真实、可爱的一面。不要过多地依赖俗世的看法，每一个人都应该按照自己喜欢的方式去生活。因为生命本身才是最珍贵的，有什么能比快乐的人生更值得你去争取吗？生命是多姿多彩的，所以没有什么方式是绝对的好，自己喜欢，自己感觉自由和愉快那就是好的。

　　悠悠是一位抱有单身主义的大龄女青年，她的选择遭到了很多人的不解甚至排斥。当问她，还会坚持下去吗？她轻松地耸了耸肩，说："为什么不呢？我喜欢这种生活方式，我感到自由和幸福，这和他们的家庭幸福没有本质区别。我不会强迫别人接受我的生活方式，但是我也不会强迫自己去改变，强迫自己去适应周围人的生活。"

　　用自己喜欢的方式去生活，才算活出自我来，如果非要自己按照别人的方式来走，那或许更是一种不幸。

　　敢于按照自己的生活方式生活，也许只有这时候我们才不是被动的，也许只有这时候面对着自己的思想和感觉，才是真正地在做着自己。生活应该简简单单，按着自己的方式生活，才能在简单的基础上画出五彩的图案。

## ◎ 有独立，才有自由

　　独立是高情商女人一个重要的素质。

　　女人的独立，不是在嘴边，而是在行动上。只有让自己独立，才能有真正属于自己的自由。聪明的女人都知道让自己不依附于任何人。要知道，女人越独立，男人越爱你。

当女人和男人一样能独当一面的时候，女人就已经不再是那个传统女人，她们也有自己的生活，她们也有充分享受生活的权利。当一个女人把男人和爱情抛开，去享受自己生活的时候，一切都是那么的美。

在商厦附近设的茶座、餐厅里，常常可以看到类似明丽的景象：临窗的座位上，几位白领女人一边惬意地喝着可乐、吃着食物，一边大讲办公室的趣闻，或者悄谈闺中秘事。她们面庞生动灿烂，笑语清脆爽朗，在轻松、无拘无束的氛围中，女人的思想得到了充分的绽放。

女人独立首先是经济独立，然后是爱情上独立。这样成为一个自外于家庭规范，悬浮在社会体制中的女人形象，对男人可能会造成恐惧与威胁，最后是爱慕。于是，现代独立女人都不约而同走上这样一条路：不要计算代价和谁付出得多。爱情可能到了一定的时候，大家就要分开。即使这样，也应释然对待。

她们并不排除传统意义上的爱情和家庭，但又很注重自身的独立和自由。对女人而言，友谊大都是轻松惬意的，不像爱情，虽然甜蜜却也充满了伤痛和折磨。

对承担着巨大工作压力的美女们而言，和朋友聚会时最需要的是完全彻底的放松，而不是悲悲戚戚、纠纠缠缠的情感瓜葛，这无疑只能加重她们的心理负担。与其在工作、爱情的双重折磨下心力交瘁，还不如和自己所信任的同性朋友交往来得轻松自在。

女人有时候觉得女朋友比男朋友更为重要，理由是和男朋友会吵架、会分手，可是女朋友永远可以依赖、可以信任，最苦闷的时候可以与她倾诉，最甜蜜的时候可以与她分享。紧张的生活使工作在格子间里的女人更渴望感情交流，而同性朋友是唯一乐于与之分享情感经历和生活细节的人。

那么，究竟怎样做才能成为一个独立的女人呢？

1. 社交群落与社交方式多元化

当女人进入广阔的社交网络时，便可以从异性或同性朋友那里获得更多温暖的情谊，这使她们更有力量面对不稳定的婚姻关系。

2. 提高个人生活的技能

女人要具备面对各种生活处境的能力，能够独自承担生活中的一切挑战。许多通常被定义为男人的家务事，女人应该学会自己承担。因为家务事的性别分工本不存在自然的原因，而完全是社会性别的约定俗成。女人其实在任何方面都不比男人差。同时，我们也应该充分利用社会化的家务体系，这一切都使独身生活变得轻松。

3. 创造独立、自主、自强的人生

女人只有真正做到经济独立，真正在社会生活及个人生活中具备与男人相等的地位，才有可能平静地面对风雨飘摇的婚姻，甚至有能力拒绝婚姻。

4. 抛弃依赖男人的思想

女人长期以来被灌输了依赖男人的思想，其中包括精神上的依赖与生活上的依赖。婚姻被旧式女人视为找到一个"依靠"。作为一个新时代的女人应该坚信：别人是靠不住的，最可靠的还是自己。

5. 不再视婚姻为人生成败的指标

过去，婚姻一度是衡量女人人生的最重要指标。但今天，婚姻仅仅能够用来衡量女人的幸福，甚至不再是女人进入情爱关系的目的与归宿。我们仍然会对婚姻持有一份执着的向往，但是，婚姻不再成为我们唯一的幸福寄托。

相信更新观念，做到以上五点，女人一定可以成为生活独立、感情独立、经济独立的强者。

## ◎ 女人千万别把自己不当一回事

女人的身价值多少完全取决于自己，自身的分量是由自己来决定的。

每个人都希望自己能够得到上司的欣赏，得到同事的尊重，都希望自己的想法能够得到别人的肯定与重视。是的，人都是希望自己在他人的心目中是有分量的，在自己所从事的领域有分量。但是很多时候，这个分量并不是别人给你的，而是你自己为自己争取的。一个人如果总是很自卑，觉得自己的想法肯定不会得到别人的认可，那么他就没有勇气向别人表达自己的看法，久而久之，别人就会把他当成是一个没有主见的人，所以也不会有人再去询问他的看法与观点。如果一个人很自信，或者说很看重自己，在一些事情上能够说出自己的独到见解，这会让周围的人形成一个良好的印象，时间久了，大家也就会越来越重视他的看法。

所以，任何时候，女人都不要看轻自己，一个不懂爱自己的女人，怎么能得到别人的爱呢？往往只有自信的人才更容易得到别人的尊重和重视。

人都是生而平等的，所以，无论你贫穷或是富有，都不应该看不起自己或者看不起别人。但是在现实生活中有很多人总是顾影自怜，觉得自己什么都比不上别人，总是一副自卑的样子，这样的人怎么能得到别人的尊重？

自卑的女人往往很爱慕虚荣，害怕被别人瞧不起，所以总是会想尽办法让自己看起来高贵，看起来上档次，这样的人往往更容易让自己陷入困难的境地。

在众人眼里，米兰是一个美丽而又成功的女人。可是，她总是对自己感到不满，不是抱怨皮肤太过白皙，就是觉得鼻梁太过挺直，还觉得自己的额头太宽了。甚至仅仅因为身边的朋友有着纤细的双腿，她就觉得自己的双腿太粗了，因而连裙子都没有穿过。此外，她还总抱怨现在的男友比不上前男友，经常因为不能将喜欢的名牌全部买下而怨恨目前的处境。长此以往，她总是将"世界上没有比我更倒霉的人了""她真漂亮，她肯定很幸福"的话挂在嘴边，心情也总是处于低谷。起初，她的朋友们试图说服她，让她改变这种认知，却纷纷以失败告终。最后，她的朋友们都一个个地离开了她。

其实，这种事事不如人的悲惨感觉并不是别人强加给她的，而是她自己强加给自己的。像米兰这样的女人有如此结局，就是因为不够爱自己，没有发现自己的闪光点。如果连你也看不起自己，那么你又怎能奢望别人喜欢你呢？

女人千万不要忘记：只有充分肯定自身价值，才能得到别人的爱。

有一位受人尊敬的犹太智者，名叫拉比·苏西亚，他是一位博学多才的学者和老师，在他弥留之际，很多学生聚集在他的床前，苏西亚掉下了眼泪。

他的学生不禁问他："老师，您为什么哭泣？"

苏西亚回答说："如果上了天堂以后，天使问我：'为什么你不能像摩西一样？'我一定会肯定地回答他：'因为我本来就不是摩西。'

"如果天使再问我：'可是你也没有像艾利西（希伯来的大预言家）一样的丰功伟绩'，那我也可以肯定地回答：'因为我来到世上的任务和艾利西不同。'

"可是，有一个问题恐怕我会答不出来。我怕他问：'你为什么不能像拉比·苏西亚？'"

拉比·苏西亚去世200多年后，一位叫珍妮的美国小姑娘在她的人生中崭露头角。她以12岁的小小年纪，多次向世界网球冠军赛叩关。她在自己的青少年时期就已经跃升为第一级选手，她向许多实力极强的成年明星球员挑战，并获得胜利。

当有人问她是不是希望当第二个克莉丝·艾芙特时，珍妮回答说："不，我要当第一个珍妮。"

这个故事说明，能不能让自己有分量更关键的是自己的态度，自己把自己定位在一个什么样的位置上。富裕的生活的确让人羡慕，因为可以做到很多穷人无法做到的事情，但是不富裕的生活就没有乐趣可言了吗？就不能得到别人的尊重吗？没有必要为了满足自己的虚荣心去刻意做自己根本没有能力做到的事情，只要自己自立、自强，生活得坦荡，即使是贫穷一些也不会有人看不起你。只要你自己能够看得起自己，只要你愿意为了自己的生活去努力，去拼搏，这就足够了。

一个女人只有看重自己的分量，别人才会同样看得起你，所以一个女人无论能力大小、地位高低、条件好坏，都应该充分自信，而不应该自感低人一等，这种平等观念是每个女人都应具备的。

## ◎ 不盲从，做有主见的女人

高情商女人都有一种保持本色的个性气质，她们有主见，不盲从，敢于挑战权威。

蜚声世界影坛的意大利著名电影明星索菲亚·罗兰能够成为令世人瞩目的超级影星，和她有主见的个性是分不开的。

在《卡桑德拉大桥》《昨天、今天和明天》等影片中，索菲亚·罗兰以其独特的魅力给观众留下深刻鲜明的印象。她的长鼻子、大眼睛、大嘴、丰满的胸部和臀部都使她多了一份不可抗拒的美。可是，你知道吗？在索菲亚·罗兰初试镜头的时候，差点儿因为她的长鼻子和丰腴的臀部而没能走上影坛。摄影师们都嫌她的鼻子太长、臀部太发达，建议她动手术缩短鼻子、削减臀部，可是索菲亚·罗兰坚决不同意。

索菲亚·罗兰在她的自述中详细地记叙了当时的情景：

有一天，他（卡洛）叫我上他的办公室去。我们刚刚进行了第三次或第四次试镜头，我记不清了。他以试探性的口吻对我说："我刚才同摄影师开了个会，他们说的结果全一样，噢，那是关于你的鼻子的。"

"我的鼻子怎么啦？"尽管我知道将发生什么事，但我还是问道。

"嗯，咳，如果你要在电影界做一番事业，你也许该考虑做一些变动。"

"你的意思是要动动我的鼻子？"

"对。还有，也许你得把臀部削减一点。你看，我只是提出所有摄影师们的意见。这鼻子不会有多大问题，只要缩短一点，摄影师就能够拍它了，你明白吗？"

我当然懂得因为我的外形跟已经成名的那些女演员颇有不同，她们都相貌出众，五官端正，而我却不是这样。我的脸毛病太多，但这些毛病加在一起反而会更有魅力呢。如果我的鼻子上有一个肿块，我会毫不犹豫地把它除掉。但是，说我的鼻子太长，不，那是毫无道理的，因为我知道，鼻子是脸的主要部分，它使脸具有特点。我喜欢我的鼻子和脸的本来样子。"说实在的，"我对卡洛说，"我的脸确实与众不同，但是我为什么要长得跟别人一样呢？"

"我懂，"卡洛说，"我也希望保持你的本来面目，但是那些摄影师……"

"我要保持我的本色，我什么也不愿改变。"

"好吧，我们再看看。"卡洛说，他表示抱歉，不该提出这个问题。

"至于我的臀部。"我说，"无可否认，我的臀部确实有点过于发达，但那是我的一部分，是我所以成为我的一部分，那是我的特色。我愿意保持我的本来面目。"

正是这次谈话，使导演卡洛·庞蒂真正地认识了索菲亚·罗兰，了解了她并且欣赏她。后来，卡洛·庞蒂成了罗兰的丈夫。由于罗兰没有对摄影师们的话言听计从，没有对自己失去信心，所以她才得以在电影中充分展示她与众不同的美。而且，她的独特外貌和热情、开朗、奔放的气质开始得到人们的承认，被人们称为"从贫民窟飞出来的天鹅"。

索菲亚·罗兰在面对自己热爱的电影事业时，并没有盲目地听从导演的意见，她坚持自己的特点，不愿在自己的外貌上做出任何改变，即使冒着被导演辞掉的危险，她依然相信自己，没有做出让步，最终她得到了导演的认可，也得到了观众的认可。她在电影方面的成就证明了她的坚持和自信是正确的。

女人在面对人生的转折时，如果认为自己选择是正确的，就要坚定地相信自己，不要盲目地去听从别人的意见，这样才会让自己有更大的机会获得成功。

## ◎ 聪明女人懂取舍

一个人背着包袱走路总是很辛苦的，同样如果心灵负重太多，就会影响对生活的心态。所以我们应该学会该放弃时就放弃。要知道生活中有得必有失，"失之东隅，收之桑榆""塞翁失马，焉知非福"。放弃也是一种收获。适当地有所放弃，才能获得内心平衡和更多快乐。

我们的心灵有着太多的负重，有得到，就会有失去。然而，倘若你紧紧抓住失去不放，得到就永远也不会到来。放下失败，抓住成功，就可以让生命重放光彩。而这一切，需要你有一颗淡泊名利得失、笑看输赢成败的心。

有所失必有所得。女人要想生活得轻松快乐，就不能太过在乎得失，不斤斤计较。生活中，那些个性乐观的女人往往对得失的问题看得很淡。有时候，得与失是同时进行的。比如，心愿实现了，追求变少了；功名利禄得到了，沉思警醒失去了；幸福的婚姻得到了，爱情的光芒变淡了；虚荣增长了，灵魂贬值了。有时候，得失之间也能相互转化。比如，失去最爱，得到永恒的寄托；失去依赖，得到成长和成熟；失去憧憬，得到现实的选择。

因此，对得与失的认知看似平淡，却折射出一种对人生使命的思考。人的一生，就是得与失互相交织的一生。得中有失，失中有得，有所失才能有所得。

乐观处世，心态平和，看淡得失，你的生活就会变得简单而快乐。做一个坚强的、认真对待生活的人。这种潇洒并不代表你寡情，也不代表着你没有付出感情，而是一种成熟的人生态度。所以，把心态放轻松，珍惜拥有的，不苛求自己没有的，就会觉得幸福其实还是更多的。

1. 不沉浸在追忆中，因为往事已经成为过去

当脆弱的女人碰到坎坷时，很容易抚今追昔，沉湎过去的往事。一旦沉浸在对往事的追忆中，消极情绪也随之而来，女人会变得爱抱怨、多愁善感。

哈佛大学心理学家认为，喜欢回忆过去是一种心理压力的反

映。当然，回忆的利弊是因人而异的，有的人对往事的回忆所受的影响较小，而有的人则容易沉浸在追忆中难以自拔。但是无论是哪一种回忆袭来时，总会"别有一番滋味在心头"的。比如曾经的辉煌会随着岁月的流逝而渐渐平淡，灰暗的昔日很可能会引发对现状的思考和产生悲观情绪，总之，美好的回忆或者难过的回忆，都会在心理上造成一种"失落的甜美"或是"尴尬的苦涩"。所以，不要回忆往事，心中就会多一点轻松。

2.事物都有两面性，不要只盯着坏的一面

身为女人，应该学会在利弊之间做出取舍，凡事多看好的一面。趋利避害，"择其大舍其小"才是正确的选择。从长远看，虽然舍去暂时优越的"小利"，但很可能会获得潜在的有发展前途的"大利"。

如果在选择之前对利弊得失保持良好的心态，面对有利有弊的现实，就不会因为失去而失落灰心，也不会因为得到而狂妄得意。这样面对生活，心中肯定是坦荡的。

3.不为错过而后悔

人生中，我们每个人都不可避免地会心存遗憾，不可能让自己所做的每一件事都永远正确，不可能每一次都顺利地达到自己预期的目的。所以，我们才会做出那么多的错事，走了那么多的弯路。做错事，走弯路，产生后悔情绪是很正常的，在后悔中我们可以自我反省，认识自己，认识世界。这种后悔被称为"积极的后悔"，它可以帮助我们在未来的人生之路上走得更好、更稳。反之，影响我们走向悲观心理的后悔被称为"消极的后悔"，它会让我们或羞愧万分，一蹶不振；或自惭形秽，自暴自弃。这种后悔心理是要不得的。生活不可能重复过去的岁月，光阴如箭，来不及后悔。从过去的错误中吸取教训，在以后的生活中不要重蹈覆辙，才是重要的。

4.学会拿得起放得下

放弃是一种智慧。有选择就有放弃，学会放弃是一种生命的超脱。放弃，让你可以轻装前进，忘记旅途的疲惫和辛苦；可以让你摆脱烦恼忧愁，整个身心沉浸在悠闲和宁静中。

放下是一种觉悟，更是一种心灵的自由。提得起，放得下，想得开，才能收获快乐。

5.做个豁达的女人

女人应该豁达一些，生活就会少一些烦恼。做到不因得意而忘形，不因骄傲而目空一切，不因失意而自暴自弃。人生得意时，要为人低调，学会珍惜和心怀感恩，保持清醒的头脑，不骄纵，不张扬，不轻浮；人生失意时，要热爱生活，振作精神，不必在意他人的冷嘲热讽。宠辱皆忘，笑看得失，才是豁达人生。

## ◎ 有所保留，说明你成熟了

沉稳矜持是女人难得的品质。女人不要随便显露情绪，不要逢人就诉说困难和遭遇。言谈举止不焦躁，不慌张，言行一致，永远给人一种沉稳的好感。

不管是白领还是蓝领，也不管待字闺中还是初为人妻，作为女人，永远不要大大咧咧、风风火火。要记住：凡事有度，沉稳矜持永远是女人的最高品位。

在一次世界文学论坛会上，有一位相貌平平的小姐端正地坐着。她并没有因为被邀请到这样一个高级的场合而激动不已，也不因自己的成功而到处招摇。她只是偶尔和人们交流一下写作的经验。更多的时候，她在仔细观察着身边的人，一会儿，有一个匈牙利的作家走过来。他问她："请问你也是作家吗？"

小姐亲切而随和地回答："应该算是吧。"

匈牙利作家继续问："哦，那你都写过什么作品？"

小姐笑了，谦虚地回答："我只写过小说而已，并没有写过其他的东西。"

匈牙利作家听后，顿有骄傲的神色，更加掩饰不住自己内心的优越感："我也是写小说的，目前已经写了三四十部，很多人觉得我写得很好，也很受读者的好评。"说完，他又疑惑地问道，"你也是写小说的，那么，你写了多少部了？"

小姐很随和地答道："比起你来，我可差得远了，我只写过一部而已。"

匈牙利作家更加得意，"你才写一本啊，我们交流一下经验吧。对了，你写的小说叫什么名字？看我能不能给你提点建议。"

小姐和气地说："我的小说名叫《飘》，拍成电影时改名为《乱世佳人》，不知道这部小说你听说过没有？"

听了这段话，匈牙利作家羞愧不已，原来她是鼎鼎大名的玛格丽特·米切尔。

故事中的女主人公是一位沉稳矜持的高情商女人，而这种为人低调的态度永远要比骄傲自大更受人欢迎。

身为女人，每天操持家务、奔波忙碌是一种常态，其中也有许多令人精神振奋的时刻：刚刚搬进位于中心城区的高档住宅，与男朋友或丈夫的关系越来越甜美，击败部门所有同事荣登经理的宝座……真有这些扬眉吐气的事情，得意一下也无妨。然而，得意和失意往往会在瞬间转换。你尽可以春风得意马蹄疾，但不要放浪形骸，无所顾忌，尤其是不要忘记了自己的位置，抢了他人的风头。

一般来说，人在得意的时候，就容易自我感觉良好，虚荣心会极度膨胀，甚至变得眼高于顶，无视别人的存在，这就常常会给自己带来不良的后果。

我们可以得意，但不要忘形，特别是千万不能因为他人相信、看重自己，就开始骄傲自大，指手画脚，更不能恃才傲物以至于遮盖他人的光彩。你得意过度，背后就会有更多的人反感你。每个人都有自尊心，特别是当你的得意之心侵害了他人的自尊时，后果就会变得很严重。

还有一个故事：

按照老板的安排，琼斯到威尼斯出差，并计划给自己添置一些新的"行头"。因此，只要稍微有点时间，她就马上出门逛街，到大大小小的商场、店面去购物。

一路搜寻下来，她确实满载而归，最让她感到满意的是一款意大利名牌的女用手提包：上好的皮质、典雅的外观、精巧的设计、适宜的价格，让琼斯爱不释手。

可回到公司以后，琼斯无意中发现女老板的包和她的竟然是同一个品牌，但样式已经明显过时了。不久她又察觉到，自从拎上这个手提包后，老板就动不动对自己横挑鼻子竖挑眼。

　　琼斯一向机灵，很快就明白了老板的心思：自己的新包抢了老板的风头，她有点儿忌妒了。琼斯想来想去，决定再也不拎这个包上班。于是，老板对她又变得和从前一样了。

　　在日常生活中，如果别人的衣服或配饰比自己的还要奢华名贵，那么有些女人就可能会觉得不舒服、不自在。而且女人大多很看重自己的外表，别人无意的赞扬或批评，都会让她琢磨好半天。

　　对于聪明的女人来说，在自己得意的时候，会适当地掩饰自己的得意，她知道自己应当谨言慎行，适度收敛。

　　不要卖弄小聪明，要适当把别人的位置抬高，做真正聪明的女人。

## ◎ 放过别人，就是放过自己

　　情商高的女人都有着一种宽阔的胸怀，懂得宽容他人。

　　宽容是一种修养，是一种境界，也是一种美德。宽容是一种非凡的气度、宽广的胸怀；是对人、对事的包容和接纳；是一种高贵的品质，精神的成熟，心灵的丰盈；是一种仁爱的光芒，无上的福分，也是对自己的善待；是一种生存的智慧，生活的艺术；是看透了社会人生以后所获得的那份从容、自信和超然。

　　宽容的女人是美丽的，也能得到别人的尊重，女人不是因为漂亮而耀眼，而是因为美丽才动人。漂亮是与生俱来的，但美丽就不同了，她是靠后天的修养所得到的一种独特的气质和涵养，而宽容就是一种高素质的修养。

人们常常用大海一样的胸怀来形容宽宏大度的人，而一个女人的宽容首先是面对丈夫的。在长期的家庭生活中，吸引对方持续爱情的最终的力量，可能不是美貌，也可能不是伟大的成功，而是一个人性格的明亮。这种明亮是一个人最吸引人的个性特征，而这种性格特征的底蕴在于一个女人怀有的孩童般的宽容。

宽容不是怯懦，不是一味的逆来顺受，是在理解的基础上的大度、忍让，以此求得在矛盾激化前问题的解决，是成熟的心态，是完美人格的体现，是解决问题的最佳策略。

女人要想成为一个生活中的强者，就应该豁达大度，笑对人生。有时一个微笑，一句幽默，也许就能够化解人与人之间的怨恨和矛盾。宽容，首先表现在处理事情上要不愤怒，不忌妒，不能够感情用事，生活中确实存在很多矛盾和困难，但是生闷气是无济于事的。

只要你冷静思考，仔细观察，就会发现我们的生活本来就是苦、辣、酸、甜、咸五味俱全。想改变事实，你就得学会宽容地接受现实，再从中找到改造的契机。

宽容体现在你对别人的不苛求，能够容忍他人。尽管不顺心的事随时会产生，若能宽容待人、对事，你便拥有了快乐的一生，那难道不是人生的幸事吗？所以应尽量以愉快的心情处理生活上的各种问题，即使忍无可忍，也应采取理智来抑制情绪，最终是大事化小，小事化无！

生活在社会这个大群体里，人与人之间难免会因一时的疏忽，或冒犯了别人，或别人冒犯了我们，正确的做法是冒犯者应主动真诚地道歉，被冒犯者理当宽容大度，说声"没关系"，让一切误解在"对不起"和"没关系"中烟消云散，使彼此重归和睦和友善。

当然宽容也不是没有界限的，因为宽容不是妥协，虽然宽容有时需要妥协；宽容不是忍让，虽然宽容有时需要忍让；宽容不是迁就，虽然宽容有时需要迁就；但宽容更多是爱，在相爱中，爱人应该是我们的一部分，是爱的一部分。作为女人，也许很娇贵，也许很单纯，也许很浪漫，但拥有一颗宽容之心，才是作为女人的完美之本。

宽容，能体现出一个女人良好的修养，高雅的风度。它是仁慈的表现，超凡脱俗的象征，任何的荣誉、财富、高贵都比不上宽容。宽容是美德，是万事万物存在的结果，宽容的背后有着心与心永久与纯洁的承诺。

宽容地面对生活，面对人生，才会使自己拥有一个平静从容的生活，才能使自己活得更轻松、更洒脱。宽容别人，其实就是宽容我们自己。多一点对别人的宽容，我们的生命中就多了一点空间，宽容是一种境界。

愿天下的女人都能拥有一颗善良、宽容的心。

## ◎ 负责任，才能站得稳

美国总统林肯曾这样说过："我——对全美国人，对基督世界，对历史，而且，最后，对上帝负责。"人活在世上，不免要承担各种责任，家庭、亲戚、朋友、国家、社会。我们的责任心，最基础的体现可能是在家庭中。

　　责任就是对自己要去做的事情有一种爱。因为这种爱，所以责任本身就成了生命意义的一种实现，就能从中获得心灵的满足。相反，一个不爱家庭的人怎么会爱他人和事业？一个在人生中随波逐流的人怎么会坚定地负起生活中的责任？这样的人往往把责任看作是强加给他的负担，看作是个人纯粹的付出而索求回报。

　　一个不知对自己人生负有什么责任的人，甚至无法弄清他在世界上的责任是什么。有一位小姐向托尔斯泰请教，为了尽到对人类的责任，她应该做些什么。托尔斯泰听了非常反感。因此想道：人们为之受苦的巨大灾难就在于没有自己的信念，却偏要做出按照某种信念生活的样子。当然，这样的信念只能是空洞的。

　　更常见的情况是，许多人对责任的关系确实是完全被动的，他们之所以把一些做法视为自己的责任，不是出于自觉的选择，而是由于习惯、时尚、舆论等原因。譬如说，有的人把偶然却又长期从事的某一职业当作了自己的责任，从不尝试去拥有真正适合自己本性的事业；有的人看见别人发财和挥霍，便觉得自己也有责任拼命挣钱花钱；有的人十分看重别人，尤其是上司对自己的评价，于是谨小慎微地为这种评价而活着。由于他们不曾认真地想过自己的人生究竟是什么，在责任问题上也就是盲目的了。

　　如果一个人能对自己的家庭负责，那么，在包括婚姻和家庭在内的一切社会关系上，他对自己的行为都会有一种负责的态度。勇于做一个负责的人，就必须要做到在任何时候不迁怒于他人，这也是一个人成熟的标志。

　　　　教育学家约翰逊有一个刚学会走路的小女儿，有一天她搬着她的小椅子到厨房里，想要爬到冰箱上去。约翰逊急忙冲过去，但已经来不及在她跌倒之前扶住她。

当他把她扶起来时，她狠狠地踢了那把椅子一脚，喊道：

"坏椅子，害得我跌了一跤。"

你会在小孩子那里常常听见这样的借口。小孩子只会率性而为，为自己的过错迁怒于没有生命的东西或是无辜的旁观者，对他们来说这是正常的行为。但是，如果我们将这种小孩子的反应带到成年时，麻烦就来了。自从有人类以来，因为自己的失败和过错而责怪他人的现象一直存在着。甚至亚当也以责怪夏娃来作为借口："是这个女人引诱我吃禁果的。"

成熟的第一步是自己负责任。要确信自己已经不再是一个跌倒了便找把椅子来踢的小孩子了，直面人生，自己要负起责任来。当然，不这样做则容易多了，责怪我们的父母、老板、丈夫、妻子、子女比较容易，我们甚至可以责怪祖先、政府，如果我们还需要一个借口的话，甚至可以责怪幸运之神。

对不成熟的人来说，他们的缺点和不幸总是有理由的——当然，都是除了他们自身之外的理由：他们有一个悲惨的童年，他们的双亲太穷了或是太富有了，对他们的管教太严厉了或是太放纵了，他们没受过教育，他们总是受体弱多病的折磨，等等。

英国女教师杰西卡的班上有一位学生，有一天在其他的学生走了以后来找她。他们那天在课上训练学生记人名。这位女学生对她说："尊敬的老师，我希望你不要指望能改进我对人名的记忆力，这是绝对办不到的事情。"

"为什么？"杰西卡问她。

"这是遗传的，"她回答，"我们全家人记忆力都不好，我的记忆力是我父母遗传给我的。因此，你要知道，我这方面不可能有什么进步。"

"凯丽，"杰西卡说，"你的问题不是遗传，是懒。你觉得责怪你的家人比用心改进自己的记忆力要来得容易。坐下来，我证明给你看。"

接下来的几分钟，她训练这位学生做几个简单的记忆练习，由于她专心练习，效果很好。杰西卡花了一些时间才消除她认为无法将脑筋训练得比前辈好的想法，不过她很高兴她做到了，终于学会了改进自己的记忆力，而不是找借口。

当我们做到了遇到失意的事，不迁怒于他人后，就要试着去敢于承担责任。只有勇于承担责任的人，才能得到别人的信任和支持。

## CHAPTER 6

# 跟任何人都能交朋友

女人要想成为社交场中的耀眼明星，就要善于塑造自我、肯定自我、提升自我、表现自我。而在人际交往中能够精心营造出属于自己的社交圈，是新时代女性在独立性上的最好体现。在社交圈中，优雅从容的女人，要比容貌靓丽的女人更容易令人倾心和难忘。

## ◎ 人情是最经济的投资

　　生活在世上，每天都不可避免地与他人交往，高超的交际艺术是成功的资本，拥有良好的社交能力和高超的处世技巧，就等于拥有了成功的点金石。据统计资料表明：良好的人际关系可使个人幸福率与工作成功率达 85% 以上；大学毕业生中，人际关系处理得好的人平均年薪比成绩优等生高 15%，比普通生高出 33%；在一个人获得成功的因素中，86% 决定于人际关系，而技术、知识、经验等因素仅占 14%；某地被解雇的 5000 人中，不称职者占10%，人际关系不好者占 90%。

　　当今社会，女性已涉入社交的各个领域，而且社交活动越来越频繁。你在家相夫教子，要学会怎样与丈夫和孩子进行平等而有效的沟通；你在外工作，要学会怎样与同事或上下级、顾客、朋友或陌路人相处，等等。只要你不是生活在真空里，只要你在这个社会上生存，你就不可避免地会与人接触。

　　良好的社交处世能力有助于女人取得生活上和事业上的成功，一个女人拥有了端庄的举止、优美的仪态、迷人的神韵、高雅的气质，再加上内在的品格力量，便拥有了打开社交之门的魅力钥匙。

　　几乎所有的人都懂得处理好人际关系的重要性，但尽管如此，大多数人都不知道怎样才能处理好人际关系，甚至相当多的人错误地认为请客送礼、讲奉承话、拍马屁，才能处理好人际关系。其实，处理人际关系的关键在于你必须有开放的人格，能真正地去尊重他人和欣赏他人。

学会从内心深处去尊重他人，首先必须能客观地评价对方，看到对方的优点。人是非常容易看到别人的缺点，而很难看到别人的优点的，我们必须克服这些人性的弱点。客观地观察别人和自己，你会惊奇地发现，原来自己还有许多不足，而身边的每个人身上，无论是你的朋友、亲人、同事，都有值得你尊重、令你佩服的闪光之处。我们不能因为别人有一点比你差的地方就去否定别人，而是应该因为别人有一些比你强的优点而去欣赏和尊重别人，肯定别人。在行为上以他们的优点为榜样去模仿，并发自内心地去欣赏和赞美他们，这时你就达到了处理人际关系的最高境界。换个角度想，若有人对你有毫不虚假的发自内心的欣赏和尊重，你肯定会由衷地欢喜并与之真诚相待。

不能否认的是，身为女人，我们都有一个共同的弱点，就是希望别人尊重自己、欣赏自己。比如，我们买了漂亮的衣服，满心欢喜地穿出去时，总是希望能得到别人的称赞，有时候没有得到称赞，还会郁郁寡欢。如果能够懂得在社交中欣赏、尊重他人，就会为拓展人际关系带来无尽的机会和好处：其一，成本最低，不用伪装自己去浪费感情，更不用花费金钱去请客送礼；其二，风险最低，不必担心讲假话，食寐不安；不必担心当面奉承背后忍不住发牢骚而露馅儿提心吊胆；其三，收获最大，因为真心尊重和欣赏别人，便会去学习别人的优点，并克服自己的弱点，使自己不断地进步和完善。

如果你注意观察，人与人之间的交往比比皆是，人的一生就是社交的一生。一个懂得尊重人、欣赏人的女人会过得很愉快，而且别人也会同样地尊重和欣赏她。有朋友在身边，可以分享快乐，分担痛苦；在你面临危险时，有朋友就不用害怕；在你伤心无助时，有朋友就能拨云见日。

社交还是发展事业的前提，事业成功的概率与社交圈的大小密切相关。我们都希望充分地发挥自己的才能，但又常常感到自己的才能往往得不到充分的发挥，其中原因之一就是受人际关系的局限。相反，有些人并无过人之处，但由于深谙社交之道，在人际间开辟了广阔的天地，因而成为了令人羡慕的成功者。

## ◎ 礼仪是一个人成功的通行证

社交礼仪是女性人脉情商中的必修课之一。良好的社交礼仪不仅关系到女人的优雅形象和气质，也是女人成功的通行证。

无论是银幕上还是在真实的生活中，让人着迷的往往不是漂亮的女人，而是那些得体优雅，懂礼仪有教养的女人。讲究仪表修养的女人才会具有高贵的气质，温柔典雅的女性才能散发迷人妩媚的气息，彬彬有礼的女人能使自身的美焕发出一种特殊的力量，而这一切是雅致与谐和仁爱的总汇。

羽西是一个时代感极强、极富有代表性的魅力女人，接受过正规的东西方文化教育和熏陶，不仅仅"用一支口红改变了中国女人的形象"，还是在中国特定历史年代启蒙中国女性礼仪魅力的一面镜子。她强调一个人的魅力重要的是来自人格的魅力，要首先学会尊重他人，学会遵守礼貌礼仪的原则和规范。

下面是一些基本的社交礼仪，对你来说是很有必要了解和学习的。

1.介绍。介绍的顺序应该是先将年幼人士介绍给年长的人士；

将晚辈先介绍给长辈；将男士介绍给女士，以表示身份和性别上的尊重。

2. 握手。握手应用右手，身体微微地前倾以示尊重，双方距离1米为宜，用力适度以示诚恳热情，过轻过重都是失礼的行为。

握手时要热情，面露笑容，注视对方眼睛，并亲切致意，切不可漫不经心，东张西望。如果手上有手袋，应用左手拿住。

3. 交换名片。应站立、面带微笑、目视对方，用双手或右手将名片正面交与对方，接受他人名片后应道谢，并阅读名片，以示礼貌。

4. 交谈。交谈应注视对方面部，既不可死死盯住对方的眼睛，也不可草草应付不与对方眼神交流。交谈者的距离应在2米以内，2米以内是较为紧凑和谐的私人空间；2米以外容易分散注意力，影响良好的沟通氛围。交谈时不应随意打断对方谈话。

5. 电话。电话是看不见的人际交往方式，语言是唯一的魅力，通常电话应在第二声铃响之后接听，如铃响超过了四声，应主动向对方表示歉意。在西方有一个不成文的规定，电话应避开清晨、晚间十点左右以及吃饭的时间，接电话时应避免与他人谈笑或吃东西、处理其他事情，等等，除非不得已，同时应向对方做说明。

6. 拜访。务必要避免没有预约的拜访，并应尽量避免在吃饭或休息时间。因故失约，务必要提前通知对方。居家私人拜访，特别是应邀就餐时应该携带花卉、酒等特色小礼品。

在顾客家中，未经邀请或允许，不能参观住房，即使较为熟悉的，也不要任意抚摸和玩弄顾客桌上的东西，更不能玩顾客名片，不要触动室内的书籍、花草及其他陈设物品。

7. 接待。客人初次拜访通常都有拘谨和生疏感，务必要将客人一一介绍给在场的相关人士，并应主动介绍客人可能会需要的设施，如洗手间等。待客时不要经常看手表，会给客人造成急于送客的错觉。

在工作中接待客户时，应该点头微笑致礼，如无事先预约应先向顾客表示歉意，然后再说明来意。接待客人应热情主动，及时了解他的需求是最为重要的。

8. 乘车。乘车姿态富有很强的动感，最能表现女性优雅的风度，也最容易暴露问题，坐车的时候不能撅着臀部爬进去，而是让臀部先坐在位置上，再将双腿一起收进车里，并保持合拢的姿势。司机斜后方的位置是最尊贵的，司机旁的位子通常是下属或工作人员的。有一种情况应注意，当你的丈夫或太太或情侣开车时，你务必与他（她）同坐前排。乘车后你要打理座椅，带走乘车时用过的废品。

9. 用餐。只在用餐时间才吃东西，注意自己用餐的仪态，动作要轻盈，尽量不要发出很大的声音，餐后注意环境卫生，桌面应擦拭干净，餐盒应立即扔进远离工作场合的有盖垃圾桶里。

10. 修饰。头发经常清洗、梳理、修剪，保持卫生、美观；略施淡妆，显示出清雅、愉快、自信的神态；服装得体、大方，不要穿过分薄、透、露的服装，颜色也要注意和谐淡雅；注意口腔卫生，经常洗澡、剪指甲。

讲究礼仪的女人都会显示出与众不同的风采，会得到他人的尊重。即使你的外貌不是最吸引人的，你绰约的风姿、时尚的发型、得体的服饰、优雅的举止、不俗的言谈也会让人着迷。

只有知晓礼仪，做到仪容端正、谈吐文雅、举止大方、彬彬有礼，才能成为生活中最具魅力的女人，才最容易获得成功。

## ◎ 让陌生人与你一见如故

一见如故，这是成功交际的理想境界。无论是谁，如果具有跟大多数初交者一见如故的能耐，他就会朋友遍天下，做事就会左右逢源；反之，如果缺乏跟初交者打交道的勇气，不善于跟陌生人交谈，他就会在交际中处处受阻，事业也就难以成功。当今正处在改革开放时代，对大多数人来说，交际面越来越广，跟初交者一见如故的交际才能越来越显出其重要性。可以说，让陌生人跟你一见如故，是让陌生人支持你的最核心的思想。

怎样才能跟初交者一见如故？下面介绍的几种方法就能收到立竿见影的奇效。

1.让陌生人和你说话：找准共同点

和陌生人初次见面，良好的谈话是打破陌生感的不二法门。那么，怎么才能打开和陌生人谈话的局面呢？心理学表明，如果能够找到和陌生人的共同点，就可以打开初次见面互相不熟悉且心存戒备的窘境。

2.察言观色，寻找共同点

一个人的心理状态，精神追求，生活爱好，等等，都或多或少地要在他们的表情、服饰、谈吐、举止等方面有所表现，只要你善于观察，就会发现你们的共同点。一退伍军人乘车同一陌生人相遇，位置正好在驾驶员后面。汽车上路后不久就抛锚了，驾驶员车上车下忙了一通还没有修好。这位陌生人建议驾驶员把油路再查一遍，驾驶员将信将疑地去查了一遍果然找到了病因。这位退伍军人感到他的这绝活可能是从部队学来的。于是试探道："你在部队待过吧？""嗯，待了六七年。""噢，算来咱俩还应算是战友呢。你当兵时部队在哪里？"于是这一对陌生人就谈了起来，据说后来他们还成了朋友。而这就是在观察对方以后，发现都当过兵这个共同点的。当然，这察待观色发现的东西，还要同自己的兴趣爱好相结合，自己对此也有兴趣，打破沉寂的气氛才有可能。否则，即使发现了共同点，也还会无话可讲，或讲一两句就"卡壳"。

3.以话试探，侦察共同点

陌生人为了打破沉默的局面，开口讲话是首要的，有人以招呼开场，询问对方籍贯、身份，从中获取信息；有人通过听说话口音、言辞，侦察对方情况；有的以动作开场，边帮对方做某些急需帮助的事，边以话试探；有的甚至借火吸烟，也可以发现对方特点，打开口语交际的局面。两个老年人从某县城上车，坐在一条长椅上。其中一人问对方："在什么地方下车？""南京，你呢？""我也是，你到南京什么地方？""我到南京山西路一亲戚家有事，你就是此地人吧？""不是的，我是从南京来走亲戚的。"经过双方的"火力侦察"，双方对县城熟悉，对南京了解，都是亲戚的共同点就清楚了。两个人发现对方共同点后谈得很投机，下车后还互邀对方做客。这种融洽的效果看上去是偶然的，实际上也是有其必然原因的："火力侦察"，发现共同点，向深处掘进而产生的效应。

4.听人介绍，猜度共同点

你去朋友家串门，遇到有生人在座，作为对于两者都很熟悉的主人，会马上出面为双方介绍，说明双方与主人的关系，各自的身份、工作单位，甚至个性特点、爱好等，细心人从介绍中马上就可发现对方与自己有什么共同之处。一位是县物价局的股长和一位"县中"的教师，在一个朋友家见面了，主人把这对陌生人做了介绍，他们发现都是主人的同学这个共同点，马上就围绕"同学"这个突破口进行交谈，相互认识和了解，以至于变得亲热起来。这当中重要的是在听介绍时要仔细地分析认识对方，发现共同点后再在交谈中延伸，不断地发现新的共同关心的话题。

5.揣摩谈话，探索共同点

为了发现陌生人同自己的共同点，可以在需要交际的人同别人谈话时留心分析、揣摩，也可以在对方和自己交谈时揣摩对方的话语，从中发现共同点。在广州的某百货商店里，一位在南海舰队的人对服务员说："请你把那个东西拿给我看看。"还把"我"说成字典里查不到的地道的苏北土语。另一位也是苏北人，在广州某陆军部队服役。听了前者这句话，也用手指着货架上的某一商品对营业员说了一句相同的话，两句字里行间都渗透苏北乡土气息的话，使两位陌生人相视一笑，买了各自要买的东西，出了店门就谈了起来，从老家问到部队，从眼下任务谈到几年来走过的路，介绍着将来的打算。身在异乡一对老乡的亲热劲，不知情的人怎么也不会相信是因为揣摩对方一句家乡话而造成的结果。可见细心揣摩对方的谈话确实是可以通过找出双方的共同点，使陌生的路人变为熟人，发展成为朋友的。

6.步步深入，挖掘共同点

发现共同点是不太难的，但这只能是谈话的最初阶段所需要的。随着交谈内容的深入，共同点会越来越多。为了使交谈更有益于对方，必须一步步地挖掘深层的共同点，才能如愿以偿。一个度假的大学生和一位在法院工作的同志，在一个共同的朋友家聚餐，经主人介绍认识后，陌生人谈了起来，慢慢地二人都发现对社会上不正之风的看法有共同点，不知不觉地展开了讨论，他们从令人不满的社会现象，谈到产生的土壤和根源；从民主与法制的作用，谈到对党和国家的期望。越谈越深入，越谈双方距离越缩短，越谈双方的共同点越多。事后双方都认为这次交谈对大学生认识社会，对法院同志了解外面的信息和群众要求，增强为纠正不正之风尽力的自觉性都是有益处的。

寻找共同点的方法还很多，譬如面临的共同的生活环境，共同的工作任务，共同的前进方向，共同的生活习惯，等等，只要仔细观察，陌生人无话可讲的局面是不难被打破的。

## ◎ 社交有方，交心为上

如果单纯地认为有人脉就是交往的朋友多，那么做营销工作或公关工作的人都应该是最有人脉的人。但现实中的情况并非如此，一个人是不是真的有人脉是有诀窍的。凭借三寸不烂之舌和出色的交际手腕，可以让很多人成为"认识的人"，但并不一定能找到很多"贵人"。大致来说，拥有良好人脉者的共同点是真心待人。正所谓，如果你想赢得人心，首先就要让对方相信你是他最真诚的朋友。

美国作家比尔·肯尼斯在《不会落空的希望》一书中写道："当初，我们以为可以信赖军方，后来却爆发了越战；我们以为可以信赖政客，后来却有了水门事件；我们以为可以信赖股票经纪人，结果却有黑色星期一的报道；我们以为可以信赖牧师，却有不肖神职人员史华格。如此说来，这天底下有谁能值得我们信任？"

毫无疑问的是，这个名单可以毫不费力地一直列举下去——这个世界有太多问题，使得人与人之间的信赖逐渐瓦解。然而，要想获得别人的信任，你唯一应记住的原则就是：真诚地对待他人。

有一个喜欢交际的女孩，她谈吐幽默，总是能逗周遭的朋友开心，对陌生人也亲切热情，因此人们往往对她有很好的第一印象。但仔细观察，你就会发现一个奇怪之处——她的身边总是围着很多人，但真正和她深交的却没有一个。所以每到关键时刻，这个女孩总是显得很孤独。后来才知道，是因为她有表里不一的坏习惯。有个女孩的熟人说，她曾与自己的男友偷偷约会，所以绝交了；还有人说，她喜欢在人前充当好人，背后却因为一点点个人利益而恶意毁谤，因此关系决裂了。几乎每一个和她走得近的人都被她在背后捅过一刀，因此朋友们都离她远去，只有那些和她不远不近的人，还围绕着她寒暄着。

懂得交心是社交的上上策。市面上教导你做好人际关系的书籍多得数不胜数，其中秘诀，就是真心对待朋友。不要认为你请一顿饭，就会对你产生好感。用努力、用真心去理解别人，比一顿饭、一个小礼物更为重要。关心他人与其他人际关系的原则一样，必须出于真诚。不仅付出关心的人应该这样，接受关心的人也理应如此。它是一条双向道，当事人双方都会受益。努力传达对别人的关心，就算方法再笨，对方也会记住你的真诚。但如果没有半点真诚，那么阅读几百本书籍也不过是看了一堆没用的文字而已。因此，不要试图用什么诀窍来寻找真正的朋友。要知道，再迟钝的人，也有感受真心的能力，不会因为你的雕虫小技而留在你的身边。

　　文丽住在一个高档社区里，因为平日繁忙，和邻居们没什么来往，一直没交到朋友。她家楼下住着一个女孩，虽然经常遇见，却一直没有适合的机会结交。直到有一天，文丽去小区附近的超市，走在她前面的正是楼下的那位女孩。那个女孩推开沉重的大门，一直等到她进去后才松手。当文丽道谢的时候，女孩说："我妈妈和您的年纪差不多，我只希望她遇到这种情况时，也有人为她开门。"从此，文丽就和女孩一家有了往来，生活也变得越来越温馨。

　　古人云："劝君不用镌顽石，路上行人口似碑。"口碑是雕刻于心灵的记忆，因此"金杯""银杯"不如好口碑。让我们怀着敬畏之心去审视自己，用心做事、真诚待人，以至诚的心去赢得人们的尊重和喜爱。

## ◎ 交往有度，遵守规则

　　你是怎样的一个女人呢？内向的，还是开朗的？古板的，还是不羁的？犹豫的，还是果敢的？每个女人的不同性格，决定了其所擅长的不同领域。

　　"取相于钱，外圆内方"，是中国民主同盟领袖、近代职业教育家黄炎培为自己书写的处世立身的座右铭。能够把圆和方的智慧结合起来是中庸性格。宋代程颐这样解释："不偏之谓中，不倚之为庸。中者，天下之正道；庸者，天下之定理。""中庸"

里的"中"，就是不偏不倚，过犹不及；"庸"，就是平常、平庸。在女人的社交生活中，时常会有这样"中庸"的人出现，她们该"方"时"方"，该"圆"时"圆"，"方"到什么程度、"圆"到什么程度，都能恰到好处，左右逢源。

处世大师孔子自称，若论仁德，他不如颜回，但他可以教颜回通达权变；若论辩才，他不及子贡，但他可以教子贡收敛锋芒；若论勇敢，他不如子路，但他可以教子路畏惧；若论矜庄，他不及子张，但他可以教子张随和。孔子之所以能取胜于人，就在中庸之道，他吸收了各人的长处，又避免了他们的短处。

荀子也深知中庸之道，他认为，对心胸狭隘的人，要扩大他的胸襟；对血气方刚的人，要使他平心静气；对思想卑下的人，要激发他高昂的意志；对勇敢凶暴的人，要使他循规蹈矩。他左之，则右之；他上之，则下之。总之，一切要以中和为尺度。

如果你能做到不偏不倚、不急不躁、不上不下、不左不右、可方可圆、可进可退，则不论在何时何地，你都能拥有一个和谐的状态。

许多时候，我们都说着自己并不想说的话，做着自己并不想做的事，甚至还很认真。因为屈于礼仪、慑于压力、拘于制度、限于条件，我们经常陪了不想陪的客，进了不想进的门，送了不想送的礼。

如果说世界是一个矛盾复合体，那么处在这个复合体中的我们，必然会领受许多内部世界与外部世界、精神自我与物质客体的不协调和不统一。矛盾的错综决定了在解决它时，为了满足外部世界的那些需求，人们不得不做出一些牺牲自我的抉择，于是，便产生了做违心事说违心话的现象。

我们通常把违心做事、违心说话，看成是一种懦弱、一种世故、一种人格破损和刁钻处世。其实，这也未必。在日常生活中的很多时候，它也可以是一种善良、一种智慧和一种献身。

我们生活在社会中，社会的制度、环境、礼仪、习俗无不作用并制约着你。台湾地区著名作家罗兰早有所告："我们几乎很难找到一个人能够整天只做自己喜欢做的事，过他自己所想过的生活。"我们都想自由自在，都想随心所欲，但世界从来不是因我们的意愿而改变的，每个人都在被动地做一些自己不想做的事。因为我们不仅有现在还有未来，不仅有自身还有环境，不仅追求实现自我，也在同样追求友爱、安全和形象。尽管你并不很乐意背弃自我，但为了换取尊严、换取平静、换取良好的环境，等等，奉献出自己的一部分心愿还是十分必要的。

随着社会文明的提高，人际间的纵向联络日趋淡漠，横向的联系却日益加强。在社交中，女人不仅要做到让自己开心，也要让自己身边的人因为自己的存在而开心起来。如果在交际中，你没有忍让、妥协和迁就的准备，那只能处于四面楚歌之中。纵使你有三头六臂，也将被牵制得疲惫不堪而无法前进。所以，虽然迁就、妥协都有那种"不得不"的心态，但仍不失为人际间的"润滑剂"。如果世界因为你的委屈和服从而有了风光，那这风光也不会少了你的那一份。当然，过犹不及，如果你事事处于无自我状态，处处由别人支配，把自己规范成一钵盆景，只要别人满意、别人喜欢，自己扭曲成怎样都可以，那就怎么也风光不起来了。

为了群体和未来，我们大多都有过献身和忍受；为了避开更大损失，我们都有过委曲求全；为了增强合作，我们都曾暂时放弃以自己为中心；为了争取人心，我们甚至都曾扮演过"两面派"，都有过"这样想却去那样做"的经历。其实，为了融洽和顺利，偶尔违心又有何妨？

## ◎ 尊重别人的女人最受欢迎

心理学家普遍认为，有吸引力的个性对个人而言是一笔极有价值的财富。拥有有吸引力的个性，可以促使人际关系更加畅通无阻。因此，女人要注重通过各自细节来打造自己有吸引力的个性。

所有的人都懂得处理好人际关系的重要性，但尽管如此，大多数人都不知道怎样才能处理好人际关系，甚至相当多的人错误地认为拍马屁、讲奉承话、请客送礼，才能处理好人际关系。其实，处理人际关系首先要做到的是，学会真正地去欣赏他人和尊重他人。

人类个体千差万别，而世界也正是因此才丰富多彩。由于每个人的先天禀赋及后天经历的不同，使得每个人的个性都很不一样。所以，要与人和睦相处，就要尊重别人的性格和个性。有的人急躁，有的人沉稳；有的人热情开朗爱热闹，有的人冷漠好静喜独处；有的人精明强干工于心计，有的人则质朴厚道大大咧咧；有的人率真明快，有的人则深藏不露。每个人的个性没有优劣之分，这就决定了在交际中不能用一种标准来要求所有的人，尊重他人的性格特征是人际交往中最基本的准则。

但是，有的女性朋友在人际交往中，不愿意体谅对方的个性特征，只是从主观愿望出发，认为自己所喜爱的别人也喜爱，自己所厌恶的别人也厌恶，因此总是与别人发生矛盾和冲突，致使感情不和。面对多样性的个性，在人与人的交往过程中也必须采用多样性的方法和手段。尊重别人就要从尊重个性开始。

1.你发自内心地欣赏和尊重对方，对方也会由衷地喜欢你并真诚相待

要学会从内心深处去尊重他人，能客观地评价他人，看到别人的优点，你会发现你的亲人、朋友、同事、上司或下属身上都有令人佩服、值得尊重的闪光之处。发自内心去尊重和欣赏他人，就达到了处理人际关系的最高境界。

2.想得到对方的称赞，先给对方投去赞赏的目光

人都有一个共同的弱点，就是希望别人欣赏自己、尊重自己，这一点在女人身上尤其明显。比如，当一个女人身穿漂亮的新衣服，会满心欢喜地期待着别人的交口称赞，如果没有得到称赞，心里就会郁郁寡欢。所以，当想获得别人的称赞时，不妨先对对方的变化做出惊喜和称赞的态度。

3.放大别人的优点，认识自己的不足

容易看到别人的缺点而很难看到别人的优点，这是人性的弱点。客观地观察别人和自己，就会意识到，原来自己还有许多不足，而身边的人都有值得自己学习、借鉴的地方。所以，不能因为别人有缺点就去否定对方，而是应该因为别人有一些比自己强的优点而去欣赏和尊重。在企业里与上司、同事、下属相处时，如果能客观地发掘对方的优点，并且真诚地尊重和欣赏对方，那么人际关系便如鱼得水了。

4.欣赏和尊重会让人际更融洽，让人生更丰盈

女人如果能够懂得在社交中如何欣赏、尊重他人，处理好人

际关系就会带来无尽的好处和机会。比如不用花费金钱去请客送礼，不用伪装自己去浪费感情；不必担心当面奉承背后忍不住发牢骚而露馅儿，不必担心讲假话，提心吊胆，食寐不安。因为能真心尊重和欣赏别人，便会去学习别人的优点克服自己的弱点，使自己不断完善和进步。

所以，一个懂得用欣赏人、尊重人处理人际关系的女人会过得很愉快，别人也会同样地欣赏和尊重她，而一个提倡欣赏人和尊重人的团队也将会是一个关系融洽的大家庭，团队中的每一位成员都能欣赏和尊重别人，因此每一位成员也受到别人的欣赏和尊重，每一位成员都会心情舒畅，于是这个团队的凝聚力会提高。

## ◎ 悦人悦己，坚持双赢

这是作家刘墉书中的一个故事：

某天，作家去朋友家做客。聊天时，女主人突然跳起来，说："糟了，我忘记今天钟点工会来。"说完，她开始扫地，把脏东西倒进垃圾桶。她说："我不能让她觉得我一周没打扫，而把工作全留给她。"话才说完，钟点工就到了。女主人请钟点工先清扫卧室，且立刻开启了卧室的冷气。作家夸女主人体贴，女主人微笑着说："其实我为她开冷气，她会感谢我；而且因为有冷气，她会更加仔细地整理，汗水也不会到处滴，最后受惠的还是我。"用心体贴，坚持双赢，是这位女主人与人交往的策略。

在人类历史上，人们相互之间的合作与交往一直受到零和游戏原理的影响。零和游戏是指一项游戏中，游戏者双方有输有赢，一方所赢，正是另一方所输，游戏的总成绩永远是零。在零和游戏中，游戏的利益完全倾向某一方，而不顾及另一方的利益，胜利者的光荣总是伴随着失败者的辛酸和屈辱。因此在零和游戏中，游戏双方是不可能维持长久交往关系的。因为无论是谁，也不愿意以长久地损害自己的利益为代价来保持双方的关系。人类在经历了两次世界大战、全球经济高速增长、全球一体化以及日益严重的环境污染之后，"零和游戏"的观念正逐渐被"互利双赢"的观念所取代。

几千年来，竞争和利己心是人类最古老的法则。人们相互之间的交往与合作，以获得利益与损失利益为标准，可以获得以下几种结局：

利己——利人；利己——不损人；利己——损人；

不利己——利人；不利己——不损人；损己——不利人。

社会学家认为：利己不一定要建立在损人的基础上。在各种经济合作中，只有一方获利的局面是不可能维持长久的，所以要通过有效合作，达到双赢的局面。即便在有输有赢的体育竞赛中，人们也认识到，可以通过比赛提高参与意识，增进相互了解，促进人类体质与精神层面上的共同进步。

人生犹如战场，但毕竟不是战场。战场上，不消灭对方就会被对方消灭；而人生赛场不一定如此，何必争个鱼死网破，两败俱伤呢？尽管大自然中弱肉强食的现象较为普遍，但那是出于生存的需要。人类社会与动物界不同，个人和个人之间，个体和团体之间的依存关系相当紧密，除了竞赛之外，任何"你死我活"

或"你活我死"的游戏对自己都是不利的。

很多时候，我们不可能将对方彻底毁灭，因此"单赢"策略将引起对方的愤恨，成为潜在的危机，从此陷入冤冤相报的恶性循环里。无论从实质利益、长远利益上来看，那种"你死我活"的争斗都是不利的，因此应该活用"双赢"的策略，彼此相依相存。

双赢是一种以退为进曲臂远跳的战略，是一种人情练达皆学问的智慧，也是一种海纳百川有容乃大的气概。每个人都有自己的生活圈子，有自己的世界，包括自己的亲朋好友、同学同事等，保持一种双赢的心态，将会使自己的社会整体效益最大化，将会建立自己的和谐世界。我们在为人处世的时候，应把"双赢"作为一个核心，牢记在心，探求一种对大家都有利的方案，而不是一味地想要多赚别人一点儿。如果双赢根植于人的内心，带着追求双赢的思想待人处事，很多看似对立的状况都可以达到双赢的效果。

"双赢"是一种良性的竞争，更适合于现代社会的相互竞争。在人际关系上，注重互助合作与彼此和谐；面对利益时，与其独吞，不如共享。总而言之，如果我们在社交中能够懂得"双赢"的道理，就能够在处理各种棘手问题和人际关系时做到与他人互惠互利，最终达到自己的目的。

## ◎ 凭借人脉塑造新的自我

只有机缘，没有人缘，最终会使得机缘丧失，人缘经营得好必然会带来机缘。总结成功女性的人生经历，可以看出，有的女性最初也许很平凡，但凭借良好的人脉渐渐创造了一个新的自我。

社交改变命运，人际创造财富。高超的交际艺术是成功的资本，拥有良好的交际能力和高超的处世技巧，就等于拥有了成功的点金术。

女人要善于塑造自我、肯定自我、提升自我、表现自我，而在人际交往中能够精心营造出属于自己的社交圈，是新时代女性在独立性上的最好体现。

女人要学会打造自己的职场人际圈子和生活人际圈子，拥有雄厚的人脉资源，包括自己的亲朋好友、社会关系成员、家人、职场上的伙伴、生活中的邻居、事业上的贵人等，都是人脉的基础。女人建立一个良好的人脉关系，生活就会变得轻松充实，工作也会变得顺利，人生会丰富多彩，成功就会离自己越来越近。

女人的魅力大小，很大程度上取决于人际关系。而良好的人际关系，来自于良好的社交。所以，女人不应该忽视社交的力量和作用。会交际的女人才是智慧的女人。

朋友是社交圈中重要的组成部分，男人需要有肝胆相照的好朋友，女人也同样需要推心置腹的闺密。这样，当女人在孤单和无助的时候，就会获得朋友们的关心和安慰，当面临危险或者困境时，有了朋友在身边就不会感到害怕；当伤心烦恼时，向朋友倾诉一下就会豁然开朗。所以，人生不能没有朋友。女人更需要友谊。有朋友在身边，可以与自己分享快乐，分担痛苦。

良好的人脉关系是发展事业的前提，事业成功的概率与社交圈的大小息息相关。在生活和工作中，人们都希望充分发挥自己的才能，但是有时自己的才能得不到充分发挥，或者力不从心，这时就需要团队的合作力量来共同攻克难关。所以，建立职场人脉有助于事业的发展。

有些人由于深谙社交之道，在人际间开辟了广阔的天地，因而成为令人羡慕的成功者。

女人社交的一个最基本的目的就是结人情，交人缘。俗话说，"在家靠父母，出门靠朋友"，多一个朋友多一条路，人情就是财富。一个善于交际的女人一定有好人缘，这与善于结交朋友、乐善好施是分不开的。

聪明的女人善于打造自己的交际圈，懂得在多个交际圈中长袖善舞，这不但是女人的自信，也是女人魅力的表现。

1. 女人要学会推销自己，拓展自己的人际圈，让别人愿意和自己做朋友

在人际交往中，女人应该尽可能地推销自己。当别人想要与你建立友谊关系，如果你没有表示出足够的热情，就会失去一个与对方交流的机会。而如果你对对方的热情做出回应，就会多一个朋友。

推销自己不必刻意地在众人中表现，很多时候交友都是通过日常的接触、朋友的介绍或参加某个活动中完成的，或许在不经意间就认识了一位朋友。比如在旅行中，如果途中正好路过一位熟人，可以提议与对方共进午餐或晚餐，这有利于增加彼此的了解。

多出席一些重要的活动，会对你扩大自己的社交圈有很大帮助。因为重要的活动可能会同时会聚自己的不少老朋友，利用这个机会你可以进一步加深一些印象，同时还可能认识不少新朋友。所以对自己关系很重要的活动，不论是升职派对，还是同事的婚礼，

都要积极参加。

在社会交往中，女人可以表现得主动些，而不是总做接受者。如果被动地等待别人和自己做朋友，而不会主动联络、帮助别人，那么人际关系圈就无法得到拓展。建立一个良好的人际关系网，无论对职业生涯和个人生活都很重要。

2.真诚交友，真心帮助，是建立人脉的基础

时刻提醒自己要遵守人际交往中的规则，不是"别人能为我做什么"而是"我能为别人做什么"，在回答别人的问题时，不妨再接着问一句："我能为你做些什么？"

如果朋友遇到困难时及时安慰或帮助他们。不论你关系网中任何一个人遇到麻烦时，你应该立即与他通话，并主动提供帮助。这是表现支持、联络感情的最佳时机。

遇到朋友或同事升迁或有其他喜事要记得在第一时间内赶去祝贺。当你的关系网成员升职或调到新的组织去时，也要尽早赶去祝贺他们。同时，也让他们知道你个人的情况。如果不能亲自前往祝贺，最好也应该通过电话来表达一下自己的友谊。

3.组建有力的人际关系核心，稳固自己的交际圈

在自己的关系网络中选几个自认为能靠得住的人组成稳固、有力的人际关系的核心，包括自己的朋友、家庭成员和那些在你职业生涯中彼此联系紧密的人。稳固的人际关系核心构成影响力的内圈，有助于自己受益。在这个圈子里不存在钩心斗角，并且会从心底为你着想，帮助自己，你在人际关系的核心圈中会相处得愉快而融洽。

不要花太多时间维持那些对自己无益处的老关系。当你对职业关系有所意识，并开始选择可以助你事业成功的人时，你可能

不得不卸掉一些关系网中的额外包袱。其中或许包括那些相识已久但对你的职业生涯没什么帮助的人。如果你一再维持对你无益处的老关系，只是意味着时间的浪费。

# CHAPTER 7

## 职场就是要玩转情商

职场中的高情商女性心智成熟，性情稳重，在说话、做事等方面都现出成熟大方的专业形象，给同事以信任与亲和感。她们不为人事纷繁而纠结，也不为暂时得失而烦恼，而是利用自身的优势应对一切，在职场中走得更加稳健和从容。

## ◎ 发展职业生涯离不开情商

对于职业生涯成功的定义，传统方法所强调的是升职和高薪。另一种衡量职业生涯成功的方法则强调心理因素，是指来自于实现人生最重要目标的一种自豪感或个人成就感。心理成功并不排斥传统意义上的成功。总而言之，职业生涯成功是指在获得组织奖励的同时也感到个人满意。获得成功的职业生涯对自我实现或自我成就可以起到很重要的作用。

朱莉娅在父亲创建的公司做金融分析工作。她的事业与其说是"选择"来的不如说是家族需要。她的父亲孜孜不倦地培养这个独生女，想让她成为公司的继承人，做金融分析工作就是她进父亲公司前积累必需的实际工作经验的第一步。

然而朱莉娅感到自己的事业并不那么尽如人意，她的事业中似乎缺少点什么，朱莉娅也决心找到自己到底缺少什么。她兴趣广泛，为人热情。公司虽然满足了她的某种需要，但是，工作范围却相当狭窄。她需要一块更大的画布绘制自己的职业蓝图。

听朱莉娅谈论工作、同事和自己的想法十分让人着迷。她想象力十分丰富，并且富有同情心，容易与他人产生共鸣。她能够真正体会他人的感受，并且能够将别人的情绪经历和自己的情绪很好地联系起来。她将这些情绪融入了自己的思维，于是便产生了创造力极强、有深刻见解的观点。

几个月以后，她被一家刚刚起步的公司雇用。这次，朱莉娅没有做金融分析员，她在营销和新产品开发部门担任副经理，这个职位为她提供了发挥创造力的机会。

女性如何规划自己的职业生涯，开创如鱼得水的工作局面？哈佛大学的相关专家建议，除了积极运用情商蓝图中描述的各种技巧来发展自己的职业，同时进一步掌握下面的小技巧。

1.制定一套专业道德规范

制定专业道德规范是职业发展的一个良好开端。基于价值观的道德规范决定哪些行为是正确的或错误的，哪些行为是好的或是坏的。

2.准确地进行自我评价

职业发展的一个重要策略是准确认识自己的优势、可改进的地方以及偏好。

3.培养专业技能与热情，并围绕其构筑职业生涯

发展职业可以从培养有用的工作技能开始，然后围绕这些领域构筑你的职业生涯。对你的工作充满热情是专业技能培养的组成部分，一个人除非对自己的工作领域充满热情，否则很难持续发展其工作技能。

4.获得优秀的工作业绩

良好的工作业绩是你构建职业生涯的坚实基础。在大多数公司里，工作能力依然是获得成功的主要因素之一。

5.在持续学习与自我发展中不断成长

持续学习有各种形式，包括正式就学、参加培训项目与研讨会以及自学。自我发展也包括多种学习形式，但这一过程常常强

调个人改善与技能培养。改善你的工作习惯或提高团队领导能力就是在工作中进行自我发展的例子。

6. 记录你所取得的成就

请准确记录你在职业生涯中所取得的成就，这样在公司重新给你分配任务或晋升你的时候将有备无患。这份成就记录对于准备简历也很有用处，有形的、可量化的成就比他人对你的成绩的主观印象更为管用。记录你所取得的成就能使你不卑不亢地宣传自己，当与公司的关键人物一起讨论工作时摆出事实，这样就可以既不抢占太多的团队荣誉，又可以让他们知道你的功绩。

7. 塑造专业形象

表现出专业形象有助于在商业关系中形成信任与亲和感。你的着装、办公桌、谈吐以及综合知识，应该给人一种专业、负责的形象。使用标准的语法与句式结构能给你带来优势，因为太多的人使用非常不正式的方式讲话。知识渊博也很重要，因为今天的职业商务人士应该对外部环境了如指掌。

8. 尽量减少职业发展中的自我挫败行为

职业发展中自我挫败行为主要有以下几种形式：拖延；正当事情进展顺利时，一次又一次把事情搅乱；自我陶醉；情感不成熟；对自己有太多的负面评价；不现实的期望；报复心理；刻意吸引别人的注意力；寻找刺激；经常旷工与迟到。

工作拖沓是自我挫败行为的首要形式，它会毁掉一个人的职业生涯。其他许多行为也会让你无法达成目标，并损害你的职业发展。克服这些行为的一个办法是，恳请他人对于那些在你掌控之中的，并且对你的职业发展造成损害的行为提供反馈信息。

## ◎ 尽快地融入职场圈子

一个人的成功与否不受制于所遭遇的环境，而是受制于我们所持的态度。对于步入职场中的新人，首先要做的就是尽快完成职场转型，融入到你的职场圈子中去。

刘媛3年前就职于一家广告公司。新闻专业，本科毕业的她在公司的表现一直平平。她的顶头上司是个非常傲慢和刻薄的女人，她对刘媛的工作经常挑三拣四，没事找事，还时常泼些冷水。一次，刘媛针对客户主动地做了一个策划案，但是上司知道了，不但不赞赏她的主动工作，反而批评她不专心本职工作。刘媛很受打击，以后她再也不敢关注自己职责范围之外的工作了。刘媛觉得，上司之所以老找她麻烦，是因为她不像其他同事一样奉承她，但是她自问自己不是能溜须拍马的人，所以不可能得到上司的青睐，于是她在公司变得沉默寡言，并计划着准备随时跳槽走人。

后来，公司从其他部门新调来一个上司。新上司新作风，从国外回来的他性格开朗，经常把表扬挂在嘴边，对同事的工作也经常赞赏有加。在他的感染下，刘媛也开始大胆地发表自己的看法。新上司对刘媛的想法表示肯定和表扬。由于他的积极鼓励，刘媛工作的热情空前高涨，她也不断学会新东西——起草合同、参与谈判、跟客户周旋……刘媛非常惊讶，原来自己还有这么多的潜能可以发掘，想不到以前那个沉默害羞的女孩，今天能够跟外国客商为报价争论得面红耳赤。

在职场中，这样的情况并不少见：

一是你努力奋斗、你聪明非常，你或许有许多难得的创意，或许有很多管理的思路，但工作一段时间之间，却还是在单位里默默无闻；

二是刚刚参加工作时，雄心万丈，激情四射，充满了活力热情，但工作一段时间后，发现理想与现实相距太远，于是热情逐渐褪去，雄心已经不再，在单位里最终默默无闻。

为什么会出现这种情况呢？可能是因为你还没有融入到职场的这个"圈子"。

职场上的圈子主要指的是和同事之间的关系。面对陌生的职场环境，心理上刚刚断乳的职场新人，往往会出现一段时期的"社交空窗"，常常因此更加在意自己的举动，潜意识里把自己固定在新人的角色上，处理人际关系时，容易拘谨、害羞、多疑和无所适从，总感觉自己落了单，这也是作为职场菜鸟们最容易感到苦闷的事情。

而如果工作一段时间后仍然无法融入这个圈子，就可能会面临以下情况：工作表现稍稍突出，有人会风言风语，但是表现略有不积极，别人又会有微辞；积极表达自己观点，会给人留下爱出风头的印象，但如果经常保持沉默，有人又说是故意玩深沉。

在这样的情况下，再高的才华、再强的能力也会暗淡无光。

所以，职场女性要明白，做事的时候，不要忘记去寻找属于自己的圈子。

找到了适合自己发展的圈子，并且融入了工作的圈子中时，你的才能才得以发挥。这就是圈子的作用。高情商女性都能够深刻领会，并加以巧妙灵活地运用，所以她们在工作中总能够得心应手、顺风顺水。

## ◎ 与上司和同事友好地相处

任何想要在工作上取得成功的人，都必须和上司、同事以及顾客保持良好的人际关系。哈佛大学的一项调查显示，有90％的员工被解雇不是因为工作能力低下，而是因为工作态度不端正、行为不当以及难以和他人建立良好的人际关系。在职场中工作的女性，当你想要加薪、晋升或调到更好部门的时候，都需要得到顶头上司的首肯。同时，如果你和同事关系良好，那么你在开展工作时就能够得到他人的帮助，顺利完成工作也就不成问题。

首先，要与上司建立良好的人际关系。

1. 从上司的角度看待问题

尝试着从上司的角度来看待工作中的问题。要想从他的角度看待问题，就必须首先了解他的个人风格。比如，你的上司是否会在决策前抛弃那些不太成熟且风险较大的想法？如果是，那么他虽然会向你征询意见，但实际上并不一定会采纳。所以，如果你提出的风险较大的方案最后没有被采纳，那也不要灰心丧气。

2. 弄清上司对你的期望

有些人没有把工作做好仅仅是因为他们没有完全理解上司要求他们干什么。有时候，员工必须主动与上司沟通，弄清上司对于自己工作的期望是什么，因为上司有时也会忘记说清楚。

3. 建立信任的关系

要与上司建立良好的关系就必须赢得他（她）的信任。信任是通过一系列长期的行为累积起来的，比如按时完成工作，信守诺言，准时上班不无故缺勤，不向他人散布机密信息等。

表示你忠于上司的一个有效途径就是支持上司的想法。比如，你的上司想要采购一个工业机器人，你就可以研究一下使用机器人对于工厂有什么好处，并且向他人介绍你的研究成果。忠诚往往还意味着不要将上司告诉你的机密消息泄露给他人。

当工作出现问题的时候，一定要坦诚地告知你的上司，不要报喜不报忧。当然，如果你的上司已经有一大堆困扰缠身，那么你就应该在说明问题的同时提供符合客观事实的合理解释或解决方案，而不是说谎。

4. 尊重上司的权威

报告问题的同时也给出解决方案。许多员工在会见上司的时候只是带着问题去，如果上司已经压力重重，这样做只会给他带来更大的压力。如果能够想好解决方案，或者把问题解决后再向上司汇报，这对他来说就是一种压力释放。

建设性地表达歧义。在当今的职场中，如果你确实认为你的上司想法有误，那么更好的做法是以建设性的方式表达你的真实想法。从长远来看，这种做法比一味逢迎更加能够赢得上司对你的尊重。但前提是你必须对情况进行了深入透彻的分析，而且能够十分巧妙地表达。这意味着：千万不要当众大声与你的上司对峙，这会让他处于十分尴尬的境地。如果你不同意上司的想法，那么应该小心措辞，尽量不要采用冒犯的语气。

5. 审慎地发展与上司的私人关系

一个一直困扰员工的问题是，应该与上司发展何种类型的私人关系，以及发展到什么程度才是合适的。解决这个问题的一个指导方针是在大多数员工都可以参与的活动中与上司发展友善的私人关系；而与上司在工作之余的单独社交活动往往会导致角色冲突，这些活动包括独自与上司在外宿营或是两人约会等。

6. 小心地向上司推销自己的想法

在向上司推销自己想法的时候注意千万不要惹上司心烦。不要一想到什么就急急忙忙地找上司诉说，这样做会浪费他的时间。你一定要等到想法基本完善的时候，再与上司交流，而且要在给出具体建议之前列出实施建议的好处，并列出你的想法中可能存在的缺陷。

7. 与上司良性互动

上面所阐述的许多技巧的最终目的就是要做到与上司良性互动。研究发现，有意识地给上司留下良好印象的员工往往能够在绩效评估中获得更好的成绩。有意识地取悦上司的员工往往被认为与上司更加相似，从而取得上司的青睐。

无论你的职位高低，有时候你总需要他人的帮助，而这些人往往并不是你的下属，因此你必须与同事建立良好的人际关系。如果你能和他们保持良好人际关系，那么就能做到一呼百应，开展工作自然也会顺利许多。研究发现，工作中的友谊与工作满意度以及工作热情的提高有关，而且在工作中拥有友谊的员工往往也对组织更加忠诚，辞职的可能性也小了很多。

兰蒂是一位采购专家。一天她面如菜色地闯进办公室说道："非常抱歉这么贸然闯进来，有没有人能帮我一把？我花了3个小时在电脑上绘制一份表格，但是不知为何这个文件突然消失了。我真是急死了！"

一位同事马格特说："不要着急，我可以帮助你整理一下思路，我们现在就过去看看吧。"而另一位同事拉尔夫则悄悄对马格特说："让她自己去看使用手册吧。否则你可就惨了，以后她每次碰到问题都会来找你的。"

如果你和拉尔夫这样的人待得时间长了，一定会觉得倦怠、沮丧、精疲力竭。而和马格特这样的人在一起一定会积极乐观、充满热情。能够经常给予别人支持，让别人鼓起勇气充满热情的人往往会获得更好的人际关系。

与同事相处，是有原则可循的：

### 1.遵守群体规范

这些规范往往是不成文的规定，包括了群体成员哪些行为该做哪些行为不该做的标准。如果你没有偏离这些规范，那么你的许多行为都能够被其他成员所接受。但是如果你偏离得太远，那就可能被群体所抛弃。群体成员可以通过直接观察或者由其他成员告知学习群体规范。

大多规范还会涉及群体成员该和谁一起吃饭，周五下午一起喝茶，或一起加入部门的运动队，甚至涉及上班的服饰穿着。因此群体规范还会影响工作环境中的社会行为，如果你太不遵守这些规范，则很可能被大家驱逐出群体。

但是，如果你太遵守群体规范，又将面临丧失自我的危险。你会被上司认为是"那群人中的一个"，而不是努力在组织中寻求发展的个人。与群体交往过密也要付出代价。

### 2.成为一个良好的倾听者

与同事建立良好关系的最简单方法就是成为一个良好的倾听者。在工作中同事可能会向你倾诉遇到的各种问题，或者向你倾诉各种抱怨。在午餐、休息的时间以及下班路上可以倾听同事谈论他们的私人生活、时事、体育新闻等，能够密切你与同事的关系，且不会造成不良影响。

3.保持诚实和开放的人际关系

与他人保持诚实和开放的人际关系非常重要。当某个同事询问你有关某个问题的看法时，你应该以诚相待，但是要注意措辞，这样有利于保持开放的人际关系。

4.表现出乐于助人、易于合作、谦和有礼的态度

许多工作都需要团队合作，如果你表现得乐于助人，而且愿意与他人合作，那么就非常容易被视为很好的团队成员。做一个能够给予他人支持的人。给予他人支持的人是能够促进别人成长的人，而且往往也是一个积极的人。

## ◎ 做团队中和谐的一员

哈佛大学校长艾略德曾以《成功的习惯》为题，做过一次演讲。他说："现在是个竞争的时代，没有竞争，就没有发展；没有压力，就没有动力；没有对手，自己就难以强大。

一个人要想成功，必须具备'你行我也行，你赢我也赢'的竞争意识。有了这种意识，人就不会受嫉妒的折磨，成功就会变得越来越容易。"

在人生的道路上，成功的人数是没有限制的。你慢慢有了经验与实力，但还没有办法独立时，不如与别人合作。与一般人合作，倒不如与成功者合作。与成功者合作时，先不考虑短期利益，

先考虑成功者的成功经验、无形资产以及相关的影响力与长远的效益。

现代社会已经是一个走向合作的时代，一个人的力量能够完成的事已经越来越少了，很多事情都是需要通过别人的帮助，大家共同合作才能完成。所以，那种"凡事自己来"的想法在这个时代已经行不通了，只有通过合作才能实现利益最大化。所以，身在职场，女人首先要融入团队中，在团队中发展和成就自己。

合作能力对一个人事业的成败及工作的好坏具有极大的影响，所以说成功在很大程度上取决于你能否与周围合适的人建立稳固的关系。

李婧是个名牌大学的毕业生。大学毕业以后，她应聘进了一家跨国公司做文员。刚进公司的时候，她可谓志得意满，信心爆棚，在公司里埋头苦干了整整一年后，李婧满以为能够得到公司高层的认可，顺利升迁。但出乎她意料的是，公司的高管似乎并没有提拔她的意思，反而提拔了和她同处在一个办公室的女孩张莹。李婧的心里非常郁闷，张莹的工作能力虽然不错，但跟自己比起来还够不上一个档次，她凭什么升职？问题究竟出在哪里呢？

李婧找到了大学时代的师哥，向他倾诉自己的苦恼。师哥来到了李婧的公司做客，和李婧的同事、上司进行了初步的接触，这位师哥还通过自己的关系侧面了解了大家对李婧的真实评价，这才找出答案：李婧的专业太优秀了，优秀使她过度自信，自信的她都看不出自己在人缘上存在的缺陷了！

平常的时候，李婧工作热情很高，但对待同事和上司的态度却很冷，同事们背地里都叫她冷美人。这直接导致了办公室气氛的不和谐，大家虽然平常都客客气气的，但心里对李婧都带着一种戒备。大家这种情绪，自然就会影响到领导对李婧个人能力的判断。你想，一个连身边人都团结不起来的人，怎么能够委以重任呢？

根结找到了，师哥建议李婧先改变自己的态度，遇事多跟他人商议，学会委婉地表达自己的真实意思，让大家愉快地认可她的意见。同时，注意在适当的时候表现自己的能力，尤其是在工作繁忙的时候，要显出自己的果断和利落。

最后，师哥建议李婧做一张图，最上方写上对自己升职握有决定权的人的名字，下面一字排开，写出可能对这位主管产生影响的人的名字，每个人名字下面注明自己可以帮助对方做什么，对方可以给自己什么样的帮助。然后，按照这张图指示的内容去做，看一看会有什么样的效果。

半年以后，师哥接到了李婧的电话：经过办公室同事和部门主管的一致推荐，她现在已经担任经理助理了，不仅加了薪，更重要的是，她的才华有了更为广阔的施展空间。

李婧的经历告诉我们，在社会工作中，光有优秀的专业知识是很难取得成功的，还必须依靠团队的力量来完成自己难以完成的任务。

## ◎ 别用职位定位自己的职业

自我激励是职业中至关重要的。善于激励自己，努力达到自我实现需要，你就会成为一个完全成功的人。

激励有两种基本理论：一是马斯洛的需要层次理论。马斯洛的需要层次理论把人类不同种类的需要按照金字塔的形状进行排列，最底层的是基本生理需要，最高层的是自我实现需要。根据这一理论，人具有一种内在的动力把自己不断推向需要金字塔的巅峰，即自我实现。

自我实现需要是最高层次的需要，包括自我成就需要和自我发展需要。真正的自我实现是要对理想不断追求才能实现的，而不是占据一个具有挑战性的职位就能满足的。一个人如果实现了自我，那么他就成为了自己应该成为的人。

马斯洛的需要层次理论是一种对于需要进行简单分类的理论。它的出现让许多人开始认真考虑对人的激励问题。它的基本价值在于，突现了工作场合中需要的重要性。

自信的人的期望值往往很高，而接受良好的培训也可以增强个人能够完成任务的信心。自我效能也会影响期望，如果你觉得自己完全具备完成某一任务的各种能力，你就会因此受到很大的激励。有些自信的、技艺高超的跳伞运动员之所以故意迟迟不开伞，是因为他们相信自己完全可以在以时速 200 公里做自由落体运动时顺利开伞。

人们做某件事情往往是为了获得某种回报。比如："只要我这两周每天都出现在办公室（行为），就可以得到报酬（回报）。"

能够很好运用激励相关知识的一个方法，就是诊断一下自己或他人在某一特定情况下没有得到很好激励的原因：是否拥有满足重要需要的机会？是否预期能够成功？是否认为自己能够完成任务？预期是否能够得到回报？是否相信只要成功就能得到相应的回报？回报对自己有意义吗？

那么，对于职场中的女性来说，怎样进行自我激励呢？可以通过以下几个方面来完成：

1.为自己设定目标

设定目标对于激励非常重要。你可以为自己设定年度目标、月度目标、本周目标、当天目标，甚至是早晨目标和下午目标。比如，"在中午以前我要处理完所有的电子邮件，并且为如何提高本部门的安全水平提出建议。"制定更为长期的目标，或者是人生目标，也可以帮助你获得动力，推动自己达到更高的成就。但是，长期的目标必须辅以一系列相匹配的、具体的短期目标才能发挥作用。

2.寻找能够提供内部激励的工作

学习有关内部激励的内容，再结合对自己的认真思考，你应该可以识别出你认为可以为你提供内部激励的工作。下一步，就是找到能够充分激励你的工作。比如，你可以从自己过去的经历中找到足够的证据说明与他人密切交往可以对你有所激励，那么你就可以为自己找一个较小的、友善的团队去工作。

但有时候由于受到各种条件的限制，你对于工作没有太多的选择权，那么就设法尝试对工作的具体内容尽可能做些改变，以得到你希望得到的回报。如果你觉得解决问题会让你兴奋不已，而你85%的工作都是例行的，那么你就可以试着养成良好的习惯尽快把例行的工作做完，剩下更多的时间去做工作中富有创新的部分。

3. 获取工作绩效的反馈

一个人如果没有办法得到有关自己绩效的反馈，无论是主观的还是客观的，那么他将很难一直保持高昂的斗志。即便你的工作非常令人兴奋，你也同样需要反馈。包装设计工作本身就非常吸引人，但是包装设计人员也非常喜欢自己的设计成果被展示出来，因为这能够说明"你的设计足够好，可以让别人欣赏"。

4. 对自己运用行为矫正技巧

为了运用行为矫正技巧很好地激励自己，你首先要确定需要得到激励的行为是什么（比如，在周六的晚上工作两小时）。然后，你要找到适合自己的奖惩措施，运用奖励措施来正向强化。

5. 提高与目标相关的技能

根据期望理论，只有当你觉得自己有把握完成一件事情的时候，你才会努力去做。而想要提高自己对于成功的主观预期，一个切实可行的方法就是提高自己完成任务所需的技能，这样你就提高了自我效能。对于成功的预期高了，自信心足了，激励作用也就变强了。

6. 提高自我期望水平

对自己的期望高，一般往往会取得更好的结果。因为你觉得自己能成功，所以你真的会成功。这种期望的自我实现效果已经由实验得到证明。要培养较高的自我期望以及积极的人生态度需要长期的过程，然而，这对于在各种环境中有效激励自己非常重要。

7. 热爱工作

有效激励自我的另一个方法是热爱工作。如果你坚信大多数的工作是有价值的，而且努力工作让人愉快，那么你就会受到很大的激励。让一个不怎么热爱工作的人转变对于工作的看法并不是一件容易的事情，但是如果他反复认真思考工作的重要性，并且向正确的榜样学习，那么他对于工作的看法变得更积极也不是不可能的。

## ◎ 不进则退，做进取型员工

潜能激发大师安东尼·罗宾有一个万能成功公式：第一步，确定自己所追求的目标；第二步，立即采用最有可能达到目标的做法，并积极进取，毫不松懈。

在这个竞争激烈的社会，有时候女人仅有"可爱"是不管用的，因为一旦步入社会，你就要面对那些跟你具有竞争关系的其他人。女人应靠自己的胆量去实现美好愿望，不要在安逸舒适的环境中虚度青春年华。

大学毕业后，小雅进了一家设计公司。在设计部，有很多同事的绘图速度都比她快，做方案的能力也更强。看来，如果她想在公司里站住脚，就需要好好下一番功夫。可是，一年过去了，她仍然只是一名普通的设计员。

有一天，老总召集全体员工开会，说："按照目前的工程量，公司现有的设计师已经够多了，但是业务部却缺少独当一面的能人。我想从设计师中抽调几名去跑业务，你们有谁愿意吗？"

老总逐个征询在座设计师的意见，但他们都推说自己对业务部的流程一窍不通，难以胜任。其实，他们都认为自己是"学院派"、科班出身，怎么能走街串巷、满脸堆笑地揽活呢？

这时，小雅猛地站起来，自告奋勇地说："老总，我愿意！"会后，她马上被调到业务部工作。对于她来说，这是十分陌生的工作岗位，很多事情都让她感到晕头转向。她必须迅速适应周围的一切，尽快建立自己的客户网络，才能扩大业务成交量。

小雅开始走出办公室，主动和别人商谈合作事宜，了解市场上的价格与折扣。小雅成了个大忙人，她不仅要负责业务部的大小事务，还要将自己针对每个小区楼盘所做的实地调查情况，做成书面报告交给老总，以便于公司开展下一步具体的工作。

在业务部工作将近四年，小雅建立了稳固的客户群，同时又让其他业务人员充分施展了自己的才干。他们团结合作，创造了前所未有的业绩，使公司上上下下的人都对她刮目相看。

这时，公司正准备起用一些年轻骨干加入管理层，领导们都不约而同地想到了小雅。他们认为她有才干、勤奋努力，为公司创造了巨大效益。老总对她的印象最深刻，因为几年前只有小雅大胆地站出来，承担这份棘手的工作，她确实是一位敢作敢为的现代女性。

小雅顺理成章地进入了管理层，而当初和她坐在同一间办公室的设计师们，却还在从事原来的工作。她靠着自己的无所畏惧，敢于任事，才抢占到先机，让自己在竞争激烈的环境中脱颖而出，成为领导们眼里的宠儿。不妨大胆一点，多给自己一些尝试的机会。初登舞台，放低姿态；站稳脚跟，慢慢发展；等到机会出现，就一定要大胆出击。有了这种敢于冒险、勇于迎难而上的精神，女人才能够创造奇迹。

聪明的女人，总会在别人还没来得及看清机遇的时候，就已经思虑周全，勇敢地挺身而出，从而顺利取得令人羡慕的成功。懂得这些道理，也就意味着我们发现了超越他人、成就自己的机会。

一些女人经过多年打拼后，感到世事难料，身心俱疲，干脆逃离战场，回家一心一意相夫教子。有些不善处理人际关系的女孩，大学毕业后害怕去找工作，只好待在家里，安安静静地"啃老"。

从心理学的角度来说，在有竞争的情况下，人们能够最大限度地发掘自身潜能，创造更大的价值与财富。好胜心与成就动机，是人类普遍具有的本能，竞争对于积极性的激发和工作效率的提高都大有好处。力争上游的女人，往往更具有开拓精神，能够创造新的价值。

女人在工作与生活中，应当树立拼搏精神：在工作过程中要不甘落后，敢于脱颖而出；在人生道路上要敢于冒尖，勇于参与竞争。一个富有主动性、创造性和竞争意识的女性，自然会积极努力，争取更好的发展空间，赢得别人的尊重和好感。

当然，竞争给女人带来动力的同时，也带来了很多的弊病，比如，在竞争的过程中，容易让人产生忌妒心，特别是在职业、年龄、地位、学历相当的女人中间，一时的忌妒心还会引发互相排斥、厌恶、憎恨等激烈情绪，竞争就变成了尔虞我诈、明争暗斗的手段。这样会严重影响女人的健康心理。女人应该持有正确的竞争态度和方式，保持胜不骄、败不馁的健康心态。处于劣势时，女人应当改变思路和方法，自我提高并赶超对方；处于优势时，女人要做到谦虚谨慎，不能看到别人遭遇挫折就幸灾乐祸。

女人向往的生活需要自己去争取。不要胆怯，不要逃避，更不要害怕。别人拥有的一切，你照样可以拥有。保持心理健康，和对手公平竞争，争取过上自己理想中的幸福生活，这才是你应该做的。

具有坚定信念的进取型员工，是世界500强企业最需要的人。

不要轻易满足，要积极进取，要有远大的目标。远大的目标就是一面飘扬的旗帜，不但能鼓舞人心，还能激发人们的斗志，焕发出忘我的精神，使人们清醒地把自己取得的成绩当作继续奋进的起点，而不是夸耀的资本，一路精神饱满地走下去！

女性朋友要明白，职场上的满足，常常是停滞不前和骄傲自满的前奏。它的滋生和蔓延，会在你不知不觉间竖起一道屏障，拦住你继续前进的脚步，使本该更加出色的你沦为平庸之辈！目标远大，永不满足，时刻乐于接受新挑战的员工永远不会被眼前的利益所迷惑，又不会被暂时的困难所吓倒，他们会用一种永不衰竭的干劲去迎接职场上的风风雨雨，绝不停下探寻的脚步。

## ◎ 拒绝拖延，提高行动力

心理学教授戴维·麦克理南认为，21世纪的竞争力决定于行动力；行动力的全方位落实，决定于学习力。

一位商业巨子在谈到他的成功秘诀时，只说了四个字："现在就做。"的确，很多人习惯于等待，习惯于拖延，习惯于在自己认为合适的时间做事。但是，时间是残酷的，它不会因为你的等待就多陪伴你一会儿，无论你怎样挽留，它也不会停下前进的脚步。记住赛谬尔·斯迈尔斯的话：利用好时间是非常重要的，一天的时间如果不好好规划一下，就会白白浪费掉，就会消失得无影无踪，我们就会一无所成。

在成功者的心中，时间是最浪费不得的。他们把时间视为人的第一资源，认为没有一种不幸可以与失去时间相比，因此，他们做事从来不拖延。决断好了事情拖延着不去做，会对我们的人生产生不良的影响。

苏珊娜女士从小就梦想成为一名伟大的作家，虽然总想着一有机会就去写书，可是，学生时代被学习所累，参加工作时又被工作所累，最终她连一个字也没能写出来。所以，她经常会冒出这样的念头："如果我专心写书的话，那该有多好啊！"

这样的念头变得越来越强烈，让她逐渐对工作和生活失去了兴趣和热情。最终，她主动提出了辞职，因为她觉得自己已经有了一些积蓄，辞掉工作后也不用操心生计，具备了在家里专心写书的条件。

半年过去了，她不仅没有成为一名作家，还把全部积蓄花得精光。更要命的是，她连一篇像样的文章都没有写出来。每当坐到书桌前，她都觉得自己有非常深刻的东西要表达，可是怎么也写不出来，因为她的脑海中已经没有了以前的灵感。在这种状态下，她每天只能写几行字。

日子就这样一天天过去了，她逐渐对自己失去了信心，变得懒惰和嗜睡。突然有一天，她顿悟了，以前因为没有时间而推迟某些事情纯粹是自己找的借口，因此，错过了很多东西，比如在繁忙的工作中忽然冒出的绝佳灵感等。的确，如果她在当时能将那些灵感一一记录下来的话，如果她一直挤时间进行创作的话，可能现在的她在工作与创作两方面都已经获得了成功。

像苏珊娜女士那样，如果觉得因为忙而什么都不做，那么即使她有了时间，也什么都不可能做好。所以当你准备做某件事情的时候，绝对不能拖延，而要立刻付出行动。如果能够做到这一点，那么，世界上没有什么事情是不可能发生的。

哈佛大学教授哈里克曾说："世上有93%的人都因拖延的恶习而最终一事无成，这都是因为拖延能够杀伤人的积极性。"

敢想敢做，可能注定要经受一些挫折，但是那些没有勇气去将自己所想的付诸行动的人，永远都体会不到行动的乐趣，即使是挫折也是自己的一笔宝贵财富。所以要想成功，就要敢想，更要敢把自己所想的付诸行动。

在这个世界上，似乎存在着这么一个真理：对一件事，如果等所有的条件都成熟才去行动，那么你也许得永远等下去。人如果不能创造时机，就应该抓住那些已经出现的时机。当机立断是一个人的能力与才干的表现，一个成功的人懂得机会来到时应该怎么办，更懂得每一件事来临时应该怎么办。"立即行动"就是最好的办法。不管什么时候；如果觉察到拖拉的恶习正在侵袭你，或者这种恶习已经缠住你了，这四个字就是对你的最好提醒。

要养成良好的习惯，在机会面前要立即行动。如果你想赚钱，一定要敢于行动。世界上没有免费的午餐，也没有天上掉下来的馅饼。不行动你不可能赚钱，不敢行动你赚不了大钱。敢想还要敢干，不敢冒险只能小打小闹，赚个小钱。不管什么时候都有许多事情要做，要克服懒惰的习惯，养成立即行动的好习惯。你不妨从遇到的随便一件事上入手，不要在意是什么事，关键在于打破游手好闲的坏习惯。换个角度说，假如你要躲开某项烦人杂务，你就要立即从这项杂务入手。要不然，这些事情还是会不停地困扰你，使你厌烦而不想动手。一旦养成了"立即就做"的工作习惯，大体上你就把握了人生进取的精义。

目标很重要，计划很关键，行动最有力量！行动是伟大目标得以实现的根本，今天就是你未来人生的新起点。女性朋友们，定好了目标，做好了准备，就出发吧！

# CHAPTER 8

## 情商决定女人一生的幸福

情商的作用不仅体现在社交、事业上，也体现在居家生活的琐碎小事上。高情商女人不仅要做一个好妻子，也要当个好母亲。要做到这一点，就要在家庭中扮演好角色，使家人之间的爱形成一个和谐的整体，这样才能其乐融融，和谐幸福。

## ◎ 成功男人背后一定有个好女人

在婚姻关系中，女人担当着重要的地位。

男人要想出人头地，就必须组建一个健康、和睦、幸福的家庭。没有稳定和谐的家庭作为支柱，男人是难以肯定自己的才华、相信自己的能力、突破自己的圈子、超越自己的极限而获得成功、实现自己的理想的。这时，绝大多数有所成就的男人无不是需要一个得力的"贤内助"妻子，朝夕陪伴、风雨兼程地与自己打拼天下，共同取得辉煌业绩。

而有了幸福美满的家庭做后盾，男人就不会畏首畏尾，故步自封，而是放心大胆地去施展能力，努力奋斗，尽快实现自己的梦想。

俗话说，"成功的男人背后都有一个好女人"，所以一个好妻子在家庭中担当着重要的地位。男人的成功离不开一个知心妻子的支持，而懂事的识大体的妻子总能为丈夫免去后顾之忧，让男人一心用在事业上。

美国作家罗杰斯为了写作，住在了一个农场。有一天，他突然想要一把大刀——一种外形丑陋、杀伤力很强的南美大刀。

罗杰斯太太不了解她的丈夫为什么要这件东西，她的第一个反应是劝他不要去买。如果他有了这么一把大刀，到底想拿来做什么呢？可能只是拿来看一两眼就把它搁到一边忘了吧。

想了一会儿以后，罗杰斯太太决定支持他。她甚至还走了一段很远的路来到城里，亲自为他买回这把大刀。这使得罗杰斯高兴得就像是要过圣诞节的小孩子。

在罗杰斯心爱的牧场里，有一带长满了多刺的矮树丛。他经常带着这把大刀，在这片矮树丛中砍伐几个小时，清理出可供马匹和行人通过的小路。他在那儿大砍特砍是完全而彻底的自我消遣。过了一段时间以后他回家了，全身流着大汗，而他的困难解决了，他的牧场也更漂亮了。

罗杰斯时常说，那把大刀是他曾经收到的最好的礼物之一。罗杰斯太太想起她那时的情况，总是感到非常高兴。

男人的成功离不开女人，意思并不是说所有的成功男人都一定要依赖自己的另一半，而是通过妻子的背后相助，使自己距离成功更进一步。所以，聪明的妻子总是善于帮助丈夫解决问题，即使自己的主意和方法看上去不怎么高明，也希望获得丈夫的赞赏。而当妻子帮助丈夫解决了难题和困境之后，丈夫反而会更加信赖妻子，以后不管遇到什么事情都愿意和妻子沟通商谈，而妻子也在这个过程中获得快乐。

"贤内助"式的好妻子不仅在事业上会助丈夫一臂之力，在生活中也能细心地打理好一切，解决后顾之忧。比如替他在公婆面前多尽一份孝心；替他在孩子面前多尽一份责任。让他抛却所有的顾虑和担忧，一心一意地工作，这才是做妻子对丈夫的真正帮助。

总之，男人的成功离不开女人的支持，女人的魅力也离不开男人的赞赏。在家庭中做丈夫的好妻子，在事业上做丈夫的好伙伴，一起同甘共苦，风雨同舟。当丈夫陷入困境时，尽力为丈夫排忧解难，当丈夫烦恼时，帮他释放心理负担；当丈夫获得成功时，给予鼓励和欣赏；当丈夫表现出脆弱的一面时，给他温暖。

好妻子并没有固定的标准，但一定要懂得当个高情商的聪明妻子。

1.丈夫是妻子的镜子

在现实生活中，从妻子的个性和为人方面也能够找到丈夫的影子。温顺体谅、开朗宽容的妻子，丈夫也一定是宽容大度、乐于助人的。如果妻子有个好人缘，那么丈夫也一定有着良好和谐的人际关系。反之，如果妻子喜欢搬弄是非，爱嚼长舌，那么做丈夫的一定苦不堪言，甚至在人前失去人心。自己不爱打扮、不修边幅的女人，在丈夫的穿着上自然也漠不关心或者马马虎虎。所以，丈夫是妻子的镜子。有时候，人们对一个男人的评价并非是指这个男人存在哪些问题，而是在反映他的妻子是一个什么样的人。因此，聪明的妻子要学会在丈夫这面明镜的照射下，努力让自己变得光彩照人，而不是自己蓬头垢面，连带着丈夫也显得萎靡不振。

2.聪明的妻子不与丈夫抢风头

聪明的妻子会把所有风光的机会让给丈夫，让他更有面子。当面对问题争论的时候，聪明的做法是适当地示弱，不斤斤计较，不争高下。如果在争论中音量巨大，针锋相对地较劲，是不明智的。当然，温柔可亲的妻子并不是低眉顺眼地顺从和屈服，只要能让丈夫找到男人的信心和魅力，避免尴尬的困境，就是聪明的。

3.帮丈夫撑起台面

聪明的妻子会维护丈夫的形象，为他的魅力加分。因为女人应该懂得，帮丈夫撑起台面，也就等于给自己增添风采。当丈夫身穿西装时，妻子应该选择一款优雅的礼服才搭配。拥有一位出得厅堂的妻子，做丈夫的自然脸上有光，而要是再加上得体的语言、良好的美德和和谐的人际，那么收获的就不止是光彩，更是一种欣赏和敬佩。聪明的女人都懂得利用自己温和的影响力使丈夫在人际圈里广受欢迎。

4. 在事业上给予帮助

聪明的女人不应该是甘心地培养好男人的学校，而应该与丈夫成为好同学。当丈夫学有所成，妻子也必定内涵充实。当丈夫在事业上闯出一番天下的时候，做妻子的也应该学会站在他的身旁并肩奋斗。好妻子懂得在事业上做丈夫的得力助手，会帮助他出谋划策，一起分担和解决问题。即使女人在某些方面的智慧不如男人，或者眼光不够高，相信丈夫也会细心倾听的。如果妻子提出了某个见解对丈夫来说很有价值和意义，也会赢得丈夫的欣赏和肯定。

## ◎ 聪明的妻子不唠叨、会倾听

女人的唠叨，是世上最残酷的折磨方法。一个女人即使拥有全世界最美丽的容貌，可一旦沾染上唠叨的毛病，就会使任何一个男人退避三舍，除非他是个聋子。

女人们可能永远不知道，唠叨对男人来说是种可怕的折磨。唠叨、挑剔带给家庭的不幸要远比奢侈、浪费大得多。

心理学家莱伟士·蒋曼博士对 1500 对夫妇做过详细的研究，

结果显示，丈夫们都把唠叨、挑剔列为太太最糟糕的缺点。

女人们总是习惯以唠叨的方式来改变丈夫，然而，可悲的是，这种方式从来没有奏效过。

唠叨最可怕的地方在于它是男人信心的杀手。

迈克是个优秀的男人，但他的事业却几乎被他的第一任太太毁掉了。他的第一任太太总是轻视和取笑他所做的每件事情。当他们还在一起生活时，迈克是个推销员，很喜爱自己的工作，并且很努力地工作。但每当他晚上回到家时，他的前妻总是以这些话来迎接他："好哇，我们的大天才，生意不错吧？你今天带回来的是佣金呢，还是推销经理的训话？我想你一定知道下个星期就要付房租了吧！"

这种情形持续了好几年，最后迈克终于无法忍受，与他前妻离了婚，重新娶了一位能够给他爱心和支持的女孩。现在，他已经在一家著名的公司担任执行副总裁的职务了。

然而，事实上，他的第一任太太并不知道自己为什么失去了丈夫。"我省吃俭用，吃苦这么多年，"她向她的朋友诉苦，"结果当他不再需要我替他做牛做马后，他就离开了我，去找别的女人了。男人就是这样子！"

如果有人告诉迈克的前妻，迈克决定离开她并不是因为另外一个女人，而是她的唠叨、挑剔，想必她是打死也不会相信的。但这的确是迈克离开她的主要原因，因为她一直在以一种轻视的唠叨方式打击迈克的男性自尊心与自信心，这是任何男人都不堪长期忍受的。

如果你也认识到了唠叨对男人身心带来的伤害，你就得想办法改掉它，以免继续对你丈夫造成不可弥补的伤害。

聪明的妻子不仅不唠叨，还善于倾听。杰利密·泰勒说过："倾听是女人的魅力之一。微笑着倾听丈夫烦恼的女人，远胜过空有一张漂亮脸蛋却喋喋不休的女人。"在婚姻中，高情商的妻子总是善于通过倾听来体会丈夫的苦衷，分担丈夫的烦恼，为丈夫分忧解难，给丈夫以信心和力量。

作为一个妻子，最为自豪的不仅是能够与丈夫分享成功的喜悦，同时也包括倾听丈夫的烦恼与困难。对男人来说，他们愿意与许多人分享他们的成功，却只会向极少数人倾吐他们的烦恼。而那些能够听他们烦恼的人，也正是他们最为信任和亲密的妻子。

杰克先生匆匆忙忙地回到家里，顾不上喘气，兴奋地嚷道："亲爱的，你知道吗？今天真是个值得庆祝的日子！董事会把我叫过去，向他们详细汇报有关我做的那份区域报告，他们称赞我的建议非常不错……"

他的妻子却没有表现出高兴的样子，显然想着别的事情："是吗？挺不错。亲爱的，要吃酱猪蹄吗？咱们家的空调好像出了点问题，吃完饭你去检查一下好吗？"

"好的，亲爱的。我终于引起董事会的注意了。说真的，今天在那么多董事会成员面前，我都紧张得有些发抖了，不过情况很好，甚至连老总都很赞赏，他认为……"

他的妻子打断他的话："亲爱的，我觉得他们根本不了解你，也不重视你。今天孩子的老师打电话来，要找你谈一谈，孩子最近成绩下降了不少。对于你的宝贝儿子，我已经没有任何办法了。"

　　杰克先生终于不再说话了，他想他的妻子是不会听的。他现在应该做的就是把酱猪蹄吃下去，然后去修空调，接着给孩子的老师回个电话。可是，他对这一切似乎都没有了兴趣。

　　我们可以想象，当我们有一肚子的话想要倾诉，兴致勃勃地要说给爱人听的时候，对方却心不在焉，根本无心倾听，我们的心中是什么滋味？每个人都会遇到开心或者不开心的事，都需要向别人倾诉，来缓解和放松自己的心情。善于倾听的妻子，能让丈夫感觉到她对他的爱、理解和尊重，是对他最大的安慰和鼓励。

　　作为一个好妻子，并不意味着了解丈夫所有的工作细节和秘密。比如你的丈夫是个绘图员，他不一定要求你了解他是如何画蓝图。但是，每个丈夫都会希望他的妻子对发生在他身上的事情富有同情心，有兴趣，并且提高注意力。

　　善于倾听，将会使女人更加可爱，并且会在他们心中留下更深刻的印象。


## ◎ 给彼此一个独立的空间

　　给丈夫留有自己的空间，是掳获他们真心的一招妙计。

　　与其给丈夫一把大刀，却又因害怕而限制他们活动的空间，还不如直接就给他一把小水果刀，让其自尊心得到满足。

　　给丈夫足够的空间让他们形成自己的良好嗜好，不仅能使丈夫身心更加健康，工作更富有创造力，而且作为妻子的你可以获得丈夫更多的信任和喜爱。

我的朋友是一个单身贵族，有许多女孩子围绕在他身边，可是他就是不想结婚，当我们问及这个问题时，他曾坦言说他害怕结婚让他失去独处的空间，而失去独处的空间也就意味着自己要放弃许多喜欢做的事，这是他最不愿意的。而他周围的女孩子们却往往具有很强的控制欲，让他"望而生畏"。

可能一些妻子对此很不理解，认为有她们体贴关心丈夫的生活，不是很好吗？其实不然，作为妻子，尤其是一些以居家为主的女人，自己每天都有相对独立的时间享受自由，对获得自己的空间不太敏感。而在外忙碌的丈夫则不然，因为几乎一整天都在高度紧张的工作状态中，下班之后亟须得到放松，这时聪明的妻子就不应该在丈夫面前喋喋不休地唠叨，而应该依据丈夫的喜好，为其创造发展其嗜好的空间。

如鼓励丈夫每周出去和朋友们做他们喜欢做的事，像钓鱼、踢球等，这样不仅能为丈夫培养有趣的嗜好，调剂单调的生活，而且能让他们有自己的空间享受自由，这会让他们感到快乐无比，对妻子心存感激。为了家庭的将来，他们往往会更加愉快地工作，创造的成绩往往也很骄人。

如果夫妻在一起仍然能够保持单独一人的境界，那说明彼此是非常尊重对方的。在这种情况下，共同生活的概念就有了一种新的含义。

一位年轻的女士这样说：

"我可以和一个男人一起生活，同时又觉得我完全是自在的。我们常常坐在一个屋子里，我做手饰，他做他的事，我们虽然在一起工作，但我的感觉和思考都是独立的。对我们来说，当每人都能专心致志地做自己的工作的时候，就是两人在一起最美好的时光。"

巴克和萨拉则是一个反面的例子，他们不允许对方表达想单独一人待一会儿的要求。

巴克的律师事务所正是兴旺时期，这花费了他的大部分精力。他的妻子萨拉掌管家务和照料孩子，事情干得也很出色。晚饭后她当然乐意坐在沙发上休息一会儿。她希望巴克能和她一起坐一会儿，但是巴克的要求与她的不一样。他说："在事务所里我没有时间休息，回到家里4个孩子又这么闹。为了自己能有个地方单独待一会儿，我把屋顶的小屋扩建了一下。可我不能上去，我一上去萨拉就生气。我还能怎么办呢？我延长工作时间，星期日也去办公室。如果真想躲开一切的话，我就去打高尔夫球。"

一位妻子如果不会自己活动，又不理解丈夫想单独一人待一会儿的需求，那极可能像萨拉一样，使她的丈夫无法待在家里。在家里，萨拉不给巴克一点儿时间自己支配，又非让他与自己在一起消遣，否则便不高兴，那对于巴克来说，只能是三十六计走为上计。最后他也许一走了之——离婚。

有些夫妻的住房比较小，空间上不允许一个人单独有一个地方，对于他们来说，学会两人在一起，同时每人又能单独地活动就特别重要。有的夫妻居住的住宅较宽敞，双方可以常常回到自己的房间去。但是，他们也会觉得两人在一起，同时每人又能单独活动是一种享受。通过这种方式单独一个人活动，会加强双方在一起的感觉。

这也许就是"在一起生活"的真正含义。但是许多夫妇恰恰破坏了这种可能性，他们认为，在一起就是要求对方不断地集中精力注意自己。

## ◎ 善待爱情，拯救婚姻

薇薇的老公样样都好，就是脾气太大。他们经常是手牵着手一起出门，吵了架分头回来。为此，每次出门前他们都不得不各自拿好自己那一串钥匙。到家后，老公还怒气不减，抱着被子就去睡客厅。更让人无法忍受的是，老公动不动就说："离了得了，省得你老看我不顺眼。"

开始，薇薇被老公气得总是一个人偷偷地哭。但想起老公的好，又舍不得离不开他。其实老公也舍不得离开薇薇，好的时候他也说："我这臭脾气也就是你能将就。"

总是忍气吞声也不是办法，薇薇总不能眼看着自己被他折磨成逆来顺受的老式小媳妇吧？薇薇找了一个两人情绪都不错的日子，跟老公说："老公，咱订个夫妻互爱协议吧。"

老公问："好的好的。订什么协议？我又没跟你生气。"

"咱约法三章好不好？一是以后再吵架，谁也不许去客厅睡；二是只能就事论事，不准翻旧账；三是谁也不准再提离婚两个字。"

"好吧，这还不容易？我依了你就是。"两个人郑重其事地草拟了两份协议填好，并各自按了鲜红的手印。

从那儿以后，薇薇的老公还是时不时地犯老毛病，可有约法三章在，他们再也没有出现过一怄气好几天谁都不理谁的情况，老公再也没提过离婚。

爱情是人类最美好的情感之一，但爱情也需要小心呵护才能结出甜美的果实。对于婚姻中的两性，如何才能拥有亲密无间的爱情呢？哈佛心理学家提出如下建议：

1. 美好的爱情是用来享受的，而不是用来吵架的

两个人彼此喜欢才能走到一起，一起生活是为了快乐，而不是争吵，无休止的争吵会破坏两人间温馨的关系和感情，对此，生活上可以求同存异，互相尊重对方不同的观点和意见。

2. 不要拿过去的感情与现有的爱情做比较

经常提起过去的恋人，会给现在的恋人带来心理上的影响，让他认为那是你难忘旧情或者是在拿以前的恋人和他进行对比，这都不利于感情的发展。

3. 相爱就不要轻易说分手

恋人之间最忌讳用分手威胁对方，这对感情的伤害基本上是无法弥补的。年轻人比较喜欢开玩笑，但要有底线，说者无心，听者有意。如果对方把你说分手当了真，那爱情的苦果只能自己品尝了。

4. 即使热恋中也要有各自的独立空间和时间

如果恋人每天都腻在一起，那就会影响学业和工作，也不利于各自的进一步发展，久而久之，新鲜感越来越少，发现的不足

越来越多，对感情的发展是不利的。不如偶尔跟他做一次短暂的分离，品尝一下相思的味道。

5.爱情切忌受外界摆布

恋爱是男女双方的事情，别人只能给他们的交往提出建议，但没有人有权利干涉他们，即使是父母的意见，也只能作为参考，因为只有当事人才最明白对方是不是和自己合得来。

6.不在爱情中迷失自己

人的本性是很难在短时间内被改变的，因此当发现对方不够完美时，不要对对方的改变速度抱太高期望。如果两个人彼此相爱，是会尽力为对方改正自己的缺点的。如果强制对方去改变，会让对方产生逆反心理，时间长了可能会觉得感情是一种负担，这样就因小失大了。

7.共同分享和承担爱情中的乐与苦

经常跟男友分享生活上的喜悦、生活中的点点滴滴，在对方沮丧或不开心时给予适当的慰藉与关怀，不但能使彼此之间的爱情得到滋养，更可激励彼此不断向上。

8.在爱情中做个有心人，让对方感受到自己的爱

相爱是甜蜜的，在一起会形影不离，分别后会相思绵绵。无论是缠绵依恋还是无尽相思，都是对对方的爱和牵挂的表现。可以说，爱情中的恋人都是有心的，甚至会用心地制造浪漫和惊喜。而没心没肺的爱情也就让人感受不到爱和甜蜜。

所以，在相恋的阶段，彼此应该多感受对方的爱，体验爱情的真正滋味。恋爱时，男女双方都会为对方做很多事，用以加深爱情的浓度。比如，为对方做一顿可口的饭菜，然后面对面地看着对方吃完。

## ◎ 营造一个温馨舒适的家庭环境

对大多数女人来说，全心全意所追求的是一个温馨的家，因此高情商的女人要为老公和孩子提供一个温馨的港湾而努力！

从走进婚姻的那天起，女人就担负起了家庭的责任和义务，与丈夫共同为这个温馨的港湾祈祷和祝福，为了营造幸福的家园而努力着。不管贫困和富裕，不论艰难与坎坷，共筑家的港湾，让这艘爱的航船驶向人生的终点是每一对夫妻共同的祈盼。

每一位家庭主妇，所需要的就是尽力营造一个温馨的家庭氛围，让丈夫和孩子其乐融融。

家是丈夫的避风港，是让他们身心最为放松的地方，切不可用自己对家庭的清洁标准来要求丈夫也要保持地板一尘不染，不能陷入自己的家庭工作成就中，要明白作为一个好妻子，要为丈夫创造出一个充满温馨、安全和舒适的爱的小巢。

保罗·柏派诺博士是洛杉矶家庭关系协会会长，他相信家庭应该是男人的避难所，能够使男人从业务的麻烦里得到安宁。在现代日趋激烈的社会竞争中生活，并不像野餐那样轻松愉快，他必须整天和对手竞争，在各种情况下都是，到下班铃响的时候，他渴望安详、和谐、舒适、爱情……

在公司里，大家都盯着他是否出错，而妻子则不会把她自己的困扰加到丈夫身上，也不会给他制造一些新的麻烦。她会恢复他的精力，保护他的精神，在情感上使他愉快，使他在第二天早晨能精神饱满地出门。

像保罗的妻子那样在家里能创造出这种气氛，能够

在丈夫的生活里尽到妻子责任的女人，可以说是最了解
自己职责的妻子了！

可见，营造家里的气氛是女人的主要责任。你的丈夫在工作
中的表现将会受到这种气氛的影响。

1. 营造欢乐祥和的家庭氛围

作为一个女人，你当然不希望丈夫成为工作狂，但是又希望
他能在工作中有良好的表现，如果你能创造出一种快乐祥和的气
氛等着他回到家里来，你就能够使他既不会成为工作狂，又能获
得好的业绩表现。

社会竞争日趋激烈，每个男人在工作中都会感到扑面而来的
压力，因此在劳累紧张了一天后，家就成为了他们最企盼的放松
和休息的地方。

2. 让家清洁又舒适

乔治·凯利的《克莱格的妻子》之所以会受到欢迎，就是因
为现实中许多女人都很像女主人公哈丽莱特·克莱格。在剧中哈
丽莱特生活的主要重心就是保持家里的纤尘不染，她甚至连坐垫
放错也不能忍受，丈夫的朋友来访并不受欢迎，因为他们会把东
西搞乱。而她认为在我们眼中很正常的她的丈夫是个破坏专家，
因为她的丈夫经常扰乱她所创造出来的完美。

显然，这个妻子的做法是非常不明智的，如果让丈夫在家中
也感到紧张，不可能养精蓄锐去为明天奋战。

男人大多不拘小节，以方便舒适为最大原则。聪明的妻子要
明白，当你的丈夫对你辛苦布置好的家造成破坏时，很可能是因
为你的布置方式没有体现方便舒适的原则。如当丈夫把报纸满地
乱丢时，可能是茶几太小或是上面堆满了装饰品，他根本就找不

到地方放报纸，这时你就应该重新考虑一下你的布置方式。

任何一个丈夫都希望自己的家干净整齐，对于男人来说，自己可以不拘小节，但别人可就不能这样了，尤其是自己的妻子、自己的家。

3.聪明的妻子会让丈夫在家里做国王

男人对家庭的关心与女人是同样的，但他们需要一种这个家里没有他们就不完整的满足感，所以聪明的妻子要充分理解和掌握男人的这种心理。

例如，家里需要添置一件新家具时要认真地与丈夫商量，共同决定。又如，丈夫想亲自下厨做菜，可以在星期天晚上让他在厨房里自由发挥，虽然他会留下满是污渍的杯盘碟碗让你为他清洗。如果不能让你的丈夫有上述满足感，那么家庭生活肯定不会和谐。

所以，家是夫妻双方共同的休息所，聪明的妻子会让丈夫在家里觉得自己像个"国王"，从而为家庭做出更大的贡献。

## ◎ 左手好妻子，右手好妈妈

恋爱中的男女经过一段时间的接触与了解，结成夫妻，随之爱情的硕果便降临。夫妻双方此时成为爸爸、妈妈。

孩子是爱情的结晶，有了孩子，确实给夫妻、给小家庭带来欢乐和愉快的气氛，同时也给夫妻带来沉重的家庭负担。这时，妻子常常是围绕在孩子身边，往日那种对老公的缠绵自然而然地减少了。其实，这是家庭走向矛盾边缘的因素之一。

究其原因，正是由于夫妻不善于处理老公、老婆、孩子三者之间的关系，导致了夫妻之间的不和谐、不协调，甚至还会因此产生矛盾和隔阂。

高情商女人会将处理好老公、老婆、孩子三者的关系作为一门必修课。作为老公或妻子，别以为三者都是自己的人，无先无后，无远无近。如果妻子把心思和精力过多地倾注于孩子身上，忽视了关心和爱护爱人，忽视了对方的位置和存在，那么很容易导致家庭关系的不平衡，由此可能影响夫妻之间的感情融洽。

在我们现实生活中，这种情形并非少见。有些妻子关心孩子是无微不至，孩子的衣服买了一套又一套，裙子买了一条又一条，不惜代价，可却从未像关心孩子那样给老公买一件。孩子出现头疼脑热，妻子会依偎身旁，督促吃药，倒水，而老公生病，反而会唠叨几句。总之，在孩子与老公身上显露的关心程度极为悬殊。

一般来说，如果你是个好妻子，也可能是个好母亲。这两者并没有十分必然的联系。有了孩子以后，家务事就随之增多了。如果你借口带孩子，把家务事全部推给你老公，甚至把孩子也推给你老公，这不仅不是一个好妻子的作为，连一个普通妻子的责任和义务都没有尽到，这是很不应当的。

也许，你不但带着孩子，而且还干着相当多的家务。当孩子和家务忙得你焦头烂额、心烦意躁时，你把这一肚子火会一股脑儿全发到你老公身上，这也不是一个好妻子的作为。时间长了，也会引起家庭中的矛盾。

有人把有了孩子以后的一段时期称为夫妻感情的危机期。在这一时期里，如果不处理好因有了孩子而带来的一系列问题，不仅做一个好妻子是不可能的，做一个好母亲也很难办到。

　　所以，高情商女人不仅要做一个好母亲，同时也要做一个好妻子。要做到这一点，你就应当在爱孩子的同时，也用相当的爱去爱你的老公，使你、孩子和老公之间的爱形成一个和谐的爱的整体，使你老公觉得你对他的爱，对他的关心和体贴，并没有因为有了孩子而有任何减少。至于因孩子而带来的家务事，你应当尽你的能力去做。同时，也要请老公体贴，相互之间很好地分工、合作。

## ◎ 你的爱比证明你的正确更重要

　　心理学家通过研究认为，在婚姻当中，是否让妻子在性、浪漫以及情感方面感到满意的决定性因素有 70％ 取决于夫妻之间感情的质量。

　　开始一段新的浪漫关系非常像买一辆新车，驾驭它更多地像纯粹的天赐之福。当你环顾四周时，你几乎很难看到它的所有方面。每一件事情闻起来、听起来和看起来都是非常棒的感觉。你可以很舒服、很轻松地开着车，也许好几个星期，也许好几个月，你陶醉于开车的感觉，直到第一次发生以下情况：有些东西坏了，你需要修理它。交通工具，像人际关系一样，需要修理来保持平稳运转。如果一辆车值得拥有，那么有时候你需要更换一些零部件，需要花费时间和精力来让它保持在最好的状态。但是有时候令人惊奇的是，机修工的一个小小差错会让整辆车报废。让你的车运转很重要，但更重要的是修理车，这也是情商关系的关键。如果你不专注于定期伴随而来的磨损，你和你的配偶一定会发现你们处于两条平行线。

所以说，夫妻之间的争吵有多么频繁无关紧要，但夫妇双方需要做出努力来友好地解决争吵和修复关系却是至关重要的。情商关系是由两个集中精力修复争吵的人来推动的。

夫妻之间感情的修复可以采取许多种形式，但是所有形式的目标都是把争论转移到解决方案上。比如，作为妻子，可以向丈夫提出一种妥协的建议，也可以运用你的幽默来打破这种紧张状态。但无论哪种方式，主要的目的都是为了告诉丈夫，传递这样一个信息：你会关心、尊重他，让他知道，你的爱比证明你的正确更重要。

那么，如何修复夫妻关系呢？

首先，必须认识到修复关系虽然不能解决你们之间的争执，却是一种超越对你配偶表达生气、愤恨和敌意的行动。

成功修复关系的首要问题是得依靠你的自我意识。如果你被情绪逼到死角里，你就不可能改善你们之间的争论。争吵会把你对配偶的所有情绪都带出来，因此，在这个时候维护你的任何一种行为和情绪的观点都会成为一项真正的挑战。如果你发现你自己的情绪是如此强烈以至于你无法清晰思考时，最好的办法就是什么都不做。然后向你的配偶解释你失控了，需要一些时间冷静下来，让你的想法聚集到一起。

然后，如果你足够沉着冷静且对情况有些看法，你可以启动修复关系中的下一个步骤。

运用你的社会意识技巧来把思想集中到以下想法上来：从你配偶的角度来看事情会是什么样的。除非你充分地理解了你的配偶为什么会采取这些行动，否则你无法启动成功的修复关系。你必须向你的配偶显示，即使你不同意他的观点，你也关心从他的角度来看待事情是怎样的。对配偶的观点表示尊重，无论它们是对还是错——这是妥协的关键。

另外，成功修复关系的表现形式多种多样。为了成功地修复关系，你可能需要在许多次失败的尝试中获得知识来武装自己。准备好去尝试在一次争吵中进行多次修复关系，一次失败的修复尝试可能会引起受伤害的情绪和受伤的自我。当你的配偶对你想让事情变得更好的努力产生误会时，你需要克服你的不适并尽力去承受面临的痛苦。你这样做得越多，他就变得更有包容性，并做同样的事情。你在同感和理解方面重复的意图将不会在一个充满爱心、有责任的配偶身上消失。

并且，还要一起讨论修复关系也将有助于你们的关系。如果你能在下次争吵时谈谈你们的争论，很可能就是你们俩应当开始修复关系的时候。当你向你的配偶谈及修复关系时，你们发展了一种你们将在下次争吵期间都会运用的理解。即使你的配偶下次在两人之间的争吵中还很难做到修复关系，他也将很可能承认你的努力并认识到这是显示关心和让事情变得更好的尝试。

最后，使用你的情商技巧来讨论和修复争论。你必须在整个争吵过程中认识你自己和理解你的情绪。这意味着要有足够的自我意识以便认识到什么时候你能容忍愤怒并启动修复关系。你需要使用你的社会意识技巧来"读懂"另一个人。如果你能自始至终进行自我管理的话，争吵将会变得更加平稳。修复关系不需要夫妻双方都要用情商行动，有时候只需要一方拥有自我管理的视角和启动修复关系。当另一方给予善意的反馈时，这种关系就建立起了一种来自情商的不可动摇的力量。

情商关系是由两个集中精力修复争吵的人来推动的。感情的修复意味着即使处于困境，也要表达爱和尊重，因为向对方表达自己的爱远比用争辩证明自己的观点正确更重要。

## ◎ 好主妇不会只围着家庭转

为自己的生活不时地加点调味品是高情商女人婚姻成功的不二法门。而在这些调味品中又以培养自己的嗜好，不断提升自己的魅力最为有效。

与男人一样，女人也要培养自己的嗜好，发挥自己的特长，这样生活才能过得精彩。尤其是那些家庭主妇，每天有很多空闲时间，如果不能及时找到填补这些时间的活动，往往会使她们感到厌烦、疲倦和单调，从而降低自己的魅力。因此，聪明的妻子在空闲时间会培养自己的兴趣，找到适合发挥自己特长的事情来做。

华尔特·芬克伯纳太太在孩子幼小时，整天待在家里照顾孩子。当孩子睡着时，她经常感到莫名的烦躁，经常对丈夫发火，两个人之间的交流越来越少，关系一度恶化。当孩子长大了开始上学以后，在朋友的劝说下，她开始到圣鲁克公会的全日制学校去授课，在此期间，她发现自己很有照顾小孩的天分，于是她又申请到圣鲁克日间学校幼儿园去做老师。在做了这些工作后，华尔特·芬克伯纳太太开始觉得生活充实，自信和魅力又写在了脸上，丈夫高兴地说："那个我喜爱的女孩子又回来了。"

芬克伯纳太太在与朋友说到这段经历时曾说：

"自从我开始工作后，我发现生活中出现了许多惊喜，如我以前对于家务事的要求非常严格，每一件小事都不放过，现在我的眼界宽了许多，不再把时间浪费在这些小事上了。每天早上，我都提前一个小时起来收拾屋子，然后开车送孩子们去上学，随后到自己的学校去上班。

"我在学校负责孩子们的饮食和午休，星期三晚上，我会陪丈夫和一些朋友打保龄球。星期四晚上空下来我就去参加教堂的一个讨论会。这个讨论会在心理上给了我许多好处，再加上每周三次的兼职教课，我的工作表就排满了。

"这些家庭外的工作为我的生活带来了很大的变化，如在家人聚集的晚餐时刻，我有更多的话题拿出来与大家分享，这让我获得了前所未有的满足感。

"因为我曾经读过描述一个精神病患者的文章。这个患者小的时候，由于父母时常把餐桌当战场，要争论问题，所以她现在想要吃东西的时候，就会把每一口食物都吐出来。所以，在我们家里有个规矩，吃饭的时候，只能谈那些愉快的话题。晚餐就是一个综合汇报时间，到那时我们全家可以一起分享这一天有趣的事。而我的这个具有创造性的工作计划，让我有了更多有趣的事情来和他们分享。

"这些也给了我更好的价值观念，我不再去在意从前困扰我的小事情，而是把精力集中在较重要的事情上。

如，怎样把我的家变成一个温馨的港湾，让每个人都感到舒服、愉快。"

可见，聪明的妻子切不可把时间空耗在枯燥的等待中，而要让自己的特长闪耀出更多的魅力，在获得自信的同时，让丈夫对自己刮目相看。